信号与系统实验教程

——基于实际信号

杨江天　周　航　郑敏华　编著

扫码获取本书案例程序

北京交通大学出版社

·北京·

内容简介

本书紧密结合“信号与系统”课程理论教学，通过典型实际信号的分析实验，培养学生的创新思维和工程实践能力，提升学生的工科素养。

本书分 3 篇共 10 章。第 1 篇为基础篇，包括第 1～3 章，主要介绍离散傅里叶变换、数据采集和 MATLAB 的使用。第 2 篇为实验篇，包括第 4～8 章，主要介绍一些容易获取且贴近生活的实际信号和系统分析实验，包括市电电压、乐器声、语音、心音、脉搏和钢板激振等。第 3 篇为进阶篇，包括第 9、10 章，第 9 章介绍傅里叶变换的扩展——小波变换，第 10 章引入有科学意义和工程价值的实验——农业害虫检测，开拓信号与系统相对新颖的应用领域。

本书可以作为本科生“信号与系统”课程实验用书，也可以作为本科毕业设计和信号采集分析的参考书。

图书在版编目（CIP）数据

信号与系统实验教程 ： 基于实际信号 / 杨江天，周航，郑敏华编著. 北京 ： 北京交通大学出版社，2025. 5. -- ISBN 978-7-5121-5502-2

Ⅰ. TN911. 6-33

中国国家版本馆 CIP 数据核字第 20256MX322 号

信号与系统实验教程——基于实际信号
XINHAO YU XITONG SHIYAN JIAOCHENG——JIYU SHIJI XINHAO

责任编辑：陈可亮
出版发行：北京交通大学出版社　　电话：010-51686414　　http://www.bjtup.com.cn
地　　址：北京市海淀区高梁桥斜街 44 号　　邮编：100044
印 刷 者：艺堂印刷（天津）有限公司
经　　销：全国新华书店
开　　本：170 mm×240 mm　　印张：11.5　　字数：213 千字
版 印 次：2025 年 5 月第 1 版　　2025 年 5 月第 1 次印刷
定　　价：46.00 元

本书如有质量问题，请向北京交通大学出版社质监组反映。对您的意见和批评，我们表示欢迎和感谢。
投诉电话：010-51686043，51686008；传真：010-62225406；E-mail：press@bjtu.edu.cn。

序

大力加强新工科建设是新时代高等工程教育发展的必由之路。新工科建设注重对人才实践能力、创新能力和综合素质的培养，强调学以致用、创新思维和工程素养。提升学生的探索与实践能力是新工科背景下高校实验教学项目的重要目标之一。

“信号与系统”是电子信息类等工科专业的重要基础课程，其特点是概念多、理论深、应用广，学生学习难度较大，而加强实验教学是促进学生掌握教学内容的有效手段。目前已有多本相关实验教材出版，在实验教学中均发挥了积极作用。这些实验教材大多是基于 MATLAB 的仿真实验，实验往往在尚未开始时便已经能够推论出实验结果，其实践性与实用性存在局限，难以激发学生的学习兴趣。

针对该课程实验教学存在的某些不足，作者总结教学经验并广泛吸收国内外相关研究成果，编写了《信号与系统实验教程——基于实际信号》，该书具有以下主要特点：

（1）获取具有工程意义的实际信号，指导学生进行信号采集与分析的相关实验，增加趣味性和实用性，并为学生提供有实际工程意义的实践平台。

（2）融合信息工程与生物工程技术，开拓信号分析与处理的研究领域，如农业害虫检测，以实际数据为基础，可进行更深入和系统的实验探索，有助于培养学生理论联系实际进而解决复杂工程问题的能力。

（3）提供资源丰富的实验教学环境，配置了可采集实验数据和信号的硬件设备，以及参考程序和数据包等资源，便于读者综合使用。

本书的出版是作者多年教学改革的成果凝练，期望能够为开展新工科教学改革的广大师生提供参考和借鉴。

教育部高等学校电工电子基础课程教学指导分委员会　副主任委员

2024 年 12 月

前　言

“信号与系统”是电子信息类、仪器类、电气工程、交通运输工程、力学、生物医学等专业的必修基础课。由于信息生产、传递、处理及利用的方法和技术是各工科专业学生必须掌握的核心知识，因此“信号与系统”成为各专业学生的基础性课程，在学习过程中具有里程碑式的意义。

对许多学生来说，“信号与系统”是一门难度很大的课程，其主要难点在于新概念多、内容多。加强实验是促进学生掌握教学内容的有效手段。目前已经有多本实验教材出版，在实验教学中发挥了一定作用。但是这些实验教材几乎都是基于 MATLAB 的仿真实验，或者是信号发生器、实验电路等产生的信号，对典型信号与系统及其特性进行模拟，验证所学的理论知识。由于不是“真实”的信号，在尚未开始时便已经能够推论出实验结果，其实践性与实用性有限。此外，完全一样的实验结果也不利于激发学生的学习兴趣和成就感，使得教学效果大打折扣。

本书选用了一些容易获取的、有实际意义的信号，如市电电压、脉搏、心音、乐器声，或搭建实际系统，指导学生采集分析实验，增加了趣味性和实用性，促进了学生学习“信号与系统”课程的兴趣，同时还为学生提供了有实际工程意义的实践平台。

研究对象如果是工业产品，采用同样的研究方法，仅更换研究对象则无太大的意义，其实践性与实用性只是聊胜于无。生物学研究使用同一种研究方法针对不同的研究对象（即不同种类的生物或同一种类、不同种群的生物）则有重要的科学意义和工程意义。作者将信息工程与生物工程交叉融合，开拓信号分析相对新颖的应用领域——农业害虫检查。我国有天牛害虫 4 000 种以上，开展害虫活动声研究可以保证研究对象不同，且研究结果有实际意义和科学价值。本书将害虫活动声信号分析作为开拓性实验，对于学有余力且有兴趣的学生，引导他们进行更加深入、系统的科研学术训练，激发学生的科研成就感和学习热情，进而撰写高水平学术论文。

基于以上考虑，作者编写了《信号与系统实验教程——基于实际信号》。全书包括 3 篇共 10 章。第 1 篇基础篇包括第 1～3 章，主要介绍离散傅里叶变换、数据采集和 MATLAB 的使用。第 2 篇实验篇包括第 4～8 章：第 4 章介绍采集分析市电电压和电机电流信号；第 5 章介绍采集分析乐器发出的声音信号和人的语音信号；第 6 章介绍采集分析心音、肺音、脉搏等生物医学信号，检测人体的健康状况；第 7 章介绍如何使用数模转换器开发信号发生器，产生任意波形的信号；第 8 章介绍用钢板和力锤搭建一个振动系统，通过输入输出分析系统的特性。第 3 篇进阶篇包括第 9 章和第 10 章：第 9 章介绍傅里叶变换的扩展——小波变换，通过对比语音信号和心音信号的分析结果，说明相比于傅里叶变换，小波变换能提供信号更多的信息；第 10 章介绍害虫蛀木振动信号分析和储粮害虫声信号分析，引导学有余力的学生进行有实际科学意义的信号分析实验。

本书可以作为本科生“信号与系统”课程实验用书，也可以作为本科毕业设计和信号采集分析的参考书。

本书由杨江天、周航、郑敏华编著，杨江天编写第 1、2、4、6～10 章并负责统稿，周航编写第 5 章，郑敏华编写第 3 章。研究生许长江、李泽洋、多晓倩、闫辉为本书的录入、绘图、程序编写和资料收集做了大量的工作，在此向他们表示由衷的感谢。

本书承蒙教育部高等学校电工电子基础课程教学指导分委员会副主任委员、北京交通大学电子信息工程学院陈后金教授拨冗审阅并为之作序，特向陈后金教授致以诚挚感谢！

由于编者水平有限且时间仓促，书中错误及不妥之处在所难免，恳请读者给予批评指正。

作　者

于北京交通大学

2024 年 11 月

目　录

第1篇　基　础　篇

第2篇　实　验　篇

第3篇 进 阶 篇

第1篇　基　础　篇

第1章

离散傅里叶变换与频谱分析

1.1 连续时间信号的离散化

对于一个给定的信号，可以用很多的方法来描述它。在这些众多的描述方法中，时间和频率成了描述信号行为两个最重要的物理量。时间和频率与人们的日常生活关系最为密切，人们时时可以感受到它们的存在。时间自不必说；对频率而言，如夕阳西下时多变的彩霞、音乐会上那优美动听的旋律，以及在一片寂静中突然冒出的一声刺耳的尖叫等，这些都包含了丰富的频率成分。

傅里叶变换联系了时间和频率，可以将任意信号分解为复正弦信号之和。

正变换为

$$F(\omega)=\mathscr{F}\left[f(t)\right]=\int_{-\infty}^{+\infty}f(t)\mathrm{e}^{-\mathrm{j}\omega t}\mathrm{d}t \tag{1-1}$$

逆变换为

$$f(t)=\mathscr{F}^{-1}\left[F(\omega)\right]=\frac{1}{2\pi}\int_{-\infty}^{+\infty}F(\omega)\mathrm{e}^{\mathrm{j}\omega t}\mathrm{d}\omega \tag{1-2}$$

其中，$F(\omega)$是$f(t)$的频谱函数，它一般是复函数，可以写作

$$F(\omega)=\left|F(\omega)\right|\mathrm{e}^{\mathrm{j}\varphi(\omega)} \tag{1-3}$$

其中，$|F(\omega)|$ 是 $F(\omega)$ 的模，代表信号中各频率分量的相对大小；$\varphi(\omega)$ 是 $F(\omega)$的相位函数，代表信号中各频率分量之间的相位关系。

傅里叶变换是联系信号的时域和频域的关键纽带，对于信号的频谱分析起关键性的作用。其中，傅里叶变换将时域信号变换到频域，使人们更加明了信号频域的信息；傅里叶逆变换可以使人们根据频域信息获取原始信号。因此，傅里叶变换是频谱分析的基础。

在工程实际应用中，傅里叶变换和频谱分析是由计算机完成的，计算机只能

对离散的、有限长的时间序列进行计算，故而需要把实际工程中的连续无穷长的模拟信号离散化并截断为有限长，用离散的傅里叶变换和频谱分析算法进行计算，这就需要研究离散的傅里叶变换算法和频谱分析算法。

1.2 离散傅里叶变换和离散谱

1. 连续时间信号的离散化

给定一个模拟信号 $x(t)$，设采样函数为$\delta_T(t)$。所谓 A/D 转换或采样，就是将采样函数$\delta_T(t)$乘以模拟信号 $x(t)$得到结果为一个无穷长的离散时间序列 $x(k)$（$k=0,\pm1,\pm2,\cdots,\pm N-1,\cdots$）。

设 $x(t)$为连续模拟信号，Δt 为采样时间间隔，采样函数为

$$\delta_T(t)=\sum_{n=-\infty}^{\infty}\delta(t-n\Delta t) \tag{1-4}$$

连续模拟信号 $x(t)$经采样离散化得

$$x(k)=x(t)\delta_T(t)=x(t)\sum_{n=-\infty}^{\infty}\delta(t-k\Delta t)=x(k\Delta t),k=0,\pm1,\pm2,\cdots \tag{1-5}$$

显然，计算机受内存容量限制，不可能接受无限多个离散采样点，而只能取一定时间范围内的信号，称为信号截断。因此计算机是针对有限长度的离散时间序列进行处理，提取各种信息，如信号的各种基本统计量（均值、方差等）、相关函数、频谱、传递函数、相干函数和解调分析等。N 为信号截断长度。

$$x(0),\ x(1),\ \cdots,\ x(N-1) \tag{1-6}$$

2. 时频域的转换关系

在时频域的转换中，设：f_s 为采样频率，N 为采样点数、快速傅里叶变换和谱分析点数，Δt 为采样时间间隔，T 为时域截断窗长，Δf 为频率分辨率（离散傅里叶变换和频谱相邻两谱线间的频率间隔）。在时间与频率之间存在下列关系。

（1）采样频率与采样时间间隔互为倒数

$$f_s=\frac{1}{\Delta t} \tag{1-7}$$

（2）频率分辨率

$$\Delta f=\frac{f_s}{N} \tag{1-8}$$

（3）时域截断窗长

$$T = N\Delta t = \frac{N}{f_s} \tag{1-9}$$

3. 离散傅里叶变换

连续傅里叶变换（continuous Fourier transform，CFT）转换为离散傅里叶变换（discrete Fourier transform，DFT）的详细分析过程将在后面论述，这里只简单叙述一下频率和时间离散化、将积分变为求和、进行 N 点时域截断三个步骤，得出离散傅里叶变换的计算公式。

频率和时间离散化，将 $t=n\Delta t$ 和 $f=k\Delta f$ 代入连续傅里叶正变换式（1–1）中得

$$X(k\Delta f) = \int_{-\infty}^{\infty} x(n\Delta t)\mathrm{e}^{-\mathrm{j}2\pi k\Delta f n\Delta t}\mathrm{d}t \tag{1-10}$$

将积分变为求和得

$$X(k\Delta f) = \sum_{-\infty}^{\infty} x(n\Delta t)\mathrm{e}^{-\mathrm{j}2\pi k\Delta f n\Delta t}\Delta t \tag{1-11}$$

进行 N 点时域截断得

$$X(k\Delta f) = \sum_{n=0}^{N-1} x(n\Delta t)\mathrm{e}^{-\mathrm{j}2\pi k\frac{f_s}{N}n\frac{1}{f_s}}\Delta t = \sum_{n=0}^{N-1} x(n\Delta t)\mathrm{e}^{-\mathrm{j}\frac{2\pi}{N}kn}\Delta t \tag{1-12}$$

考虑到 $x(n\Delta t)$就是离散化后第 n 点的时间函数值 $x(n)$，$X(k\Delta f)$就是离散化后第 k 点的傅里叶变换值 $X(k)$，所以定义 DFT 为

$$\begin{aligned} X(k) &= \sum_{n=0}^{N-1} x(n)\mathrm{e}^{-\mathrm{j}\frac{2\pi}{N}kn} \\ &= \sum_{n=0}^{N-1} x(n)\left[\cos\left(\frac{2\pi}{N}kn\right) - \mathrm{j}\sin\left(\frac{2\pi}{N}kn\right)\right] \\ & k = 0,1,2,\cdots,N-1 \end{aligned} \tag{1-13}$$

式中：k 为离散谱线的序号，N 为时间序列长度，$\mathrm{j}=\sqrt{-1}$。

DFT 的实部和虚部为

$$X_R(k) = \sum_{n=0}^{N-1} x(n)\cos\left(\frac{2\pi}{N}kn\right),\quad k=0,1,2,\cdots,N-1 \tag{1-14}$$

$$X_I(k) = \sum_{n=0}^{N-1} x(n)\sin\left(\frac{2\pi}{N}kn\right),\quad k=0,1,2,\cdots,N-1 \tag{1-15}$$

令 $W=\mathrm{e}^{-\mathrm{j}\frac{2\pi}{N}}$，则有

$$X(k) = \sum_{n=0}^{N-1} x(n)W^{kn} \tag{1-16}$$

算子 W^{kn} 以 N 为周期，当 $kn=N$ 时，$W^{kn}=\mathrm{e}^{-\mathrm{j}2\pi}$，$2\pi$ 是正弦函数和余弦函数的周期。

由此有 DFT 对

$$\begin{cases} X(n)=\dfrac{1}{N}\sum\limits_{n=0}^{N-1}X(k)\mathrm{e}^{\mathrm{j}\frac{2\pi}{N}kn}, \quad n=0,1,\cdots,N-1 \\ X(k)=\sum\limits_{n=0}^{N-1}x(n)\mathrm{e}^{-\mathrm{j}\frac{2\pi}{N}kn}, \quad k=0,1,\cdots,N-1 \end{cases} \tag{1-17}$$

这就是 DFT 的基本公式。

由式（1-12）变换到 DFT 定义式（1-13）时，如果注意到式（1-12）的右边是按Δt 归一化，则可知由式（1-13）求幅值谱时，要除以 N。

4. 由 DFT 的结果做离散谱

对信号 $x(t)$进行 DFT，由式（1-14）和式（1-15）得到 DFT 的实部为 $X_\mathrm{R}(k)$（$k=0,1,\cdots,N-1$），虚部为 $X_\mathrm{I}(k)$（$k=0,1,\cdots,N-1$）。

只考虑正频率部分，将负频率部分的幅值加到对应的正频率部分，则单边离散幅值谱、功率谱、对数谱和相位谱有以下四个定义。

幅值谱

$$G_{\mathrm{xamp}}(k)=\frac{2}{N}\sqrt{X_\mathrm{R}{}^2(k)+X_\mathrm{I}{}^2(k)}, \ k=0,1,\cdots,N-1 \tag{1-18}$$

功率谱

$$G_{\mathrm{xp}}(k)=\frac{4}{N^2}\left[X_\mathrm{R}^2(k)+X_\mathrm{I}^2(k)\right], \ k=0,1,\cdots,N-1 \tag{1-19}$$

对数谱

$$G_{\mathrm{xdB}}(k)=10\lg G_{\mathrm{xp}}(k)=20\lg G_{\mathrm{xamp}}(k) \tag{1-20}$$

相位谱

$$\theta(k)=\arctan\left[\frac{X_\mathrm{I}(k)}{X_\mathrm{R}(k)}\right] \tag{1-21}$$

上述四种谱 $k=0,1,\cdots,N/2-1$ 是正频率部分；$k=N/2,\cdots,N-1$ 是负频率部分。

幅值谱代表该谐波频率时域信号幅值的单边峰值的大小，是时域信号各谐波的幅值随频率的线性分布，便于分析对比各频率成分幅值的大小。功率谱代表功率，是谐波时域信号幅值的自乘，突出主要频率成分。对数谱反映平均主义，小值加大权，大值加小权，突出幅值小的频率成分，可以用来分析所有的频率成分，但也将一些幅值很小的频率成分和主要频率成分一样对待了。相位谱一定要与幅值谱、功率谱或对数谱之一一起进行分析，只分析幅值谱、功率谱或对数谱中幅值不为零频率成分的相位，或者感兴趣幅值不为零频率成分的相位。

谱图横坐标频率的确定，第 k 条谱线代表的实际频率为

$$f=\Delta fk \tag{1-22}$$

式中：Δf 是频率分辨率，即相邻两条谱线的间隔。

$$\Delta f=\frac{f_s}{N}=\frac{\text{采样频率}}{\text{采样点数}} \tag{1-23}$$

对实际信号来说，DFT 实部为偶对称，虚部为奇对称，故幅值谱为偶对称。

对幅值谱系数的说明：

（1）由于做 DFT 为 N 点投影累加，为使谱分析幅值能反映信号的实际幅值大小，傅里叶变换的实部和虚部都要除以 N。实质上，从 CFT 到 DFT 过程中，在由积分变换为求和的这一步是按 $\Delta t=1$ 归一化，此时窗长 $T=N$，长度为 N 的矩形窗的傅里叶变换在 $f=0$ 时的幅值为 N，所以傅里叶变换的实部和虚部都要除以 N。

（2）由于做 DFT 后有一半的能量到负频域区域，因此要真实反映信号幅值，应乘以 2，这样系数就是 $N/2$。频谱分为双边谱和单边谱，双边谱是指正负频率都存在时的频谱，单边谱是指只存在的正频率部分，把负频率部分的能量叠加到相应正频率部分，即正频率部分幅值乘以 2 时的频谱。

（3）按照电学上的习惯，对正弦交流信号，有效值为峰值的 $1/\sqrt{2}$，故为使幅值谱反映交流信号的有效值，则

$$\text{幅值谱系数}=\frac{2}{N\sqrt{2}}=\frac{\sqrt{2}}{N} \tag{1-24}$$

如信号 $x(t)=A\sin(2\pi f_0 t)$，其中，A 为幅值，则单边幅值谱为

$$G_{\mathrm{xamp}}(k)=\frac{A}{\sqrt{2}}\delta(f-f_0) \tag{1-25}$$

（4）频谱的幅值有三种表示方法：第一种是有效值谱，第二种是单峰值谱，第三种是双峰值谱。单边有效值谱就是式（1-25），单边单峰值谱就是式（1-25）幅值乘以系数 $\sqrt{2}$，单边双峰值谱就是式（1-25）幅值谱乘以系数 $2\sqrt{2}$。

1.3 连续傅里叶变换和离散傅里叶变换的关系

CFT 和 DFT 的定义对比如下：

正变换 $X(\omega)=\int_{-\infty}^{+\infty}x(t)\mathrm{e}^{-\mathrm{j}\omega t}\mathrm{d}t$， $X(k)=\sum_{n=0}^{N-1}x(t)\mathrm{e}^{-\mathrm{j}\frac{2\pi}{N}kn}$

反变换 $x(t)=\frac{1}{2\pi}\int_{-\infty}^{+\infty}X(\omega)\mathrm{e}^{\mathrm{j}\omega t}\mathrm{d}\omega$， $x(n)=\frac{1}{N}\sum_{n=0}^{N-1}X(k)\mathrm{e}^{\mathrm{j}\frac{2\pi}{N}kn}$

连续和离散傅里叶变换的特点如下[1]：

（1）傅里叶变换对 $x(t)\Leftrightarrow X(\omega)$， $x(n)\Leftrightarrow X(k)$。

（2）$x(t)$连续、无限长，$x(n)$离散、有限长，$n=0, 1, \cdots, N-1$。

（3）$X(\omega)$连续变化，$X(k)$离散变化，$k=0, 1, \cdots, N-1$（ω离散化）。

图 1-1 为从连续傅里叶变换到离散傅里叶变换的过程和原理图，主要步骤如下：

1. 将积分变成求和

$$X(\omega)=\sum_{-\infty}^{\infty}x(t)\mathrm{e}^{-\mathrm{j}\omega t} \tag{1-26}$$

在将积分变成求和的过程中，要注意到式（1-26）是按$\Delta t=1$归一化。

2. 时域离散化

时域离散化就是将时间间隔的周期单位脉冲函数序列（采样函数）$s_0(t)$与被采样函数$x(t)$相乘，图 1-1(a) 为被采样连续函数$x(t)$与其傅里叶变换$X(f)$，图 1-1(b) 为采样函数$s_0(t)$与其傅里叶变换$S_0(f)$。设采样频率为f_s，采样时间间隔为$\Delta t=1/f_s=T_s$，将$t=n\Delta t$（$n=0,\pm1,\pm2,\cdots$）代入式（1-26）得

$$X(\omega)=\sum_{n=-\infty}^{\infty}x(n\Delta t)\mathrm{e}^{-\mathrm{j}\omega n\Delta t} \tag{1-27}$$

将采样时间间隔$\Delta t=1/f_s=T_s$代入式（1-27）中指数部分得

$$X(\omega)=\sum_{n=-\infty}^{\infty}x(n\Delta t)\mathrm{e}^{-\mathrm{j}\omega n/f_s} \tag{1-28}$$

现令$\omega^1=\omega/f_s$，则有$\omega=\omega^1/f_s$，代入式（1-28）得

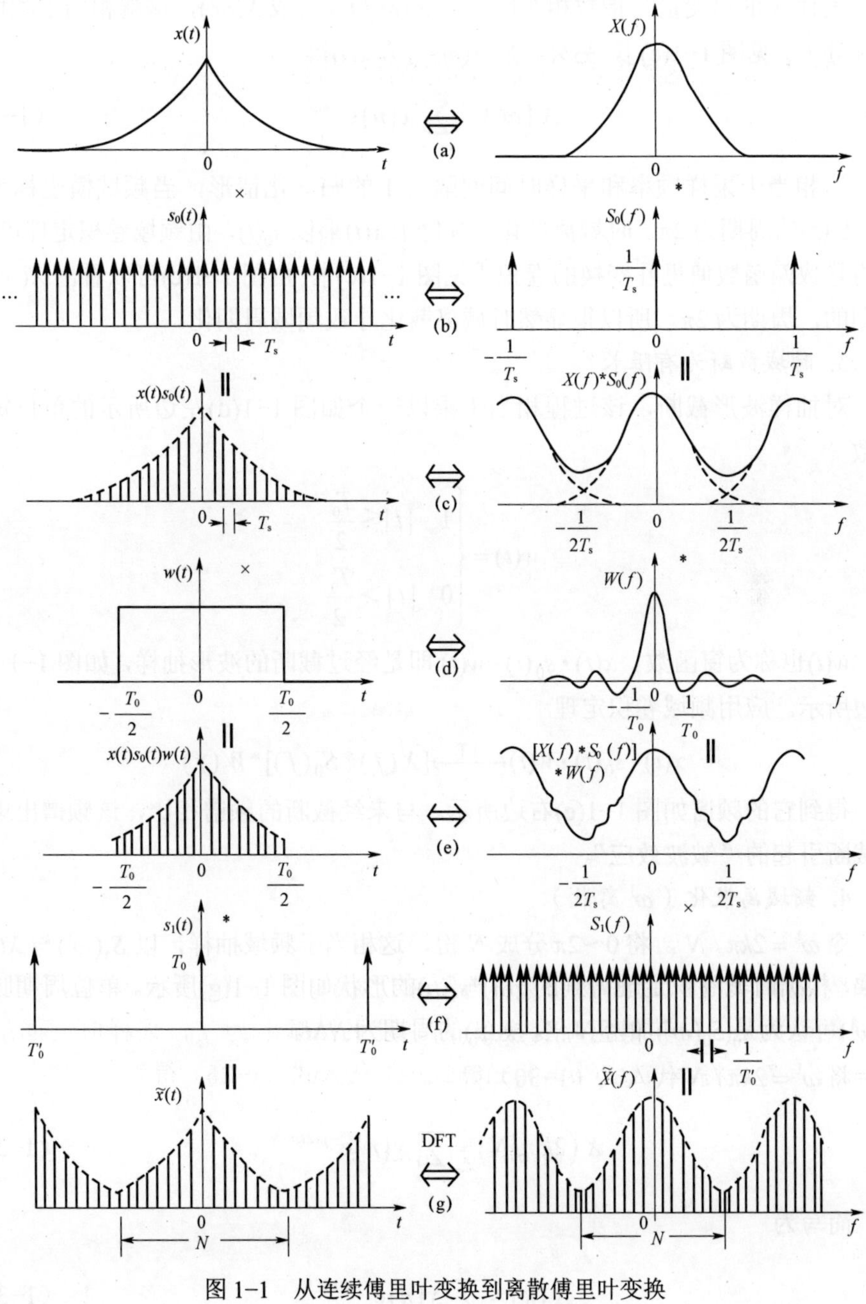

图 1-1　从连续傅里叶变换到离散傅里叶变换

$$X\left(\omega^1/f_s\right)=\sum_{n=-\infty}^{\infty}x\left(n\Delta t\right)e^{-jn\omega^1} \qquad (1-29)$$

为使 X 的自变量与指数相对应，将 $X(\omega^1/f_s)$ 写成 $X(\omega^1)$，这就相当于频域横坐标处 f_s［见图 1-1(c)］。另外，将 $x(nt)$写成 $x(t)$得

$$X\left(\omega^1\right)=\sum_{n=-\infty}^{\infty}x\left(n\right)\mathrm{e}^{-\mathrm{j}n\omega^1} \tag{1-30}$$

这相当于采样频率和采样时间间隔为 1 的归一化情形，当频域横坐标为ω^1时，$S_0(f)$的周期为 2π。时域离散化，等价于 $x(t)$乘以 $s_0(t)$，由频域卷积定理可知，这将导致两函数傅里叶变换的卷积［见图 1-1(c)］。由图 1-1(c)可以看出 $X(\omega^1)$是周期的，周期为 2π。所以很显然时域离散化导致频域周期化。

3. 时域截断为有限长

对抽样波形截断，该过程相当于乘以一个如图 1-1(d)左边所示的单位矩形函数

$$w(t)=\begin{cases}1 & |t|\leqslant\dfrac{T_0}{2}\\0 & |t|>\dfrac{T_0}{2}\end{cases}$$

$w(t)$也称为窗函数。$x(t)\cdot s_0(t)\cdot w(t)$ 即是经过截断的波形抽样，如图 1-1（e）左边所示。应用频域卷积定理

$$x(t)\cdot s_0(t)\cdot w(t)\xrightarrow{\mathrm{FT}}[X(f)*S_0(f)]*W(f)$$

得到它的频谱如图 1-1(e)右边所示。与未经截断的频谱相比，该频谱出现由于截断引起的“皱波效应”。

4. 频域离散化（ω^1 离散）

令 $\omega^1=2k\pi/N$，将 0～2π 分成 N 份，这相当于频域抽样，以 $S_1(\omega^1)$与 $X(\omega^1)$相乘，根据时域卷积定理得到的 $x(n)*s_1(n)$的形状如图 1-1(g)所示。单位周期脉冲 $S_1(\omega^1)$可认为是 $S_0(\omega^1)$加密 N 倍，$s_1(n)$的周期为 $N\Delta t$。

将 $\omega^1=2k\pi/N$ 代入式（1-30）得

$$X\left(2k\pi/N\right)=\sum_{n=-\infty}^{\infty}x\left(n\right)\mathrm{e}^{-\mathrm{j}n2k\pi/N} \tag{1-31}$$

简写为

$$X\left(k\right)=\sum_{n=-\infty}^{\infty}x\left(n\right)\mathrm{e}^{-\mathrm{j}n2k\pi/N} \tag{1-32}$$

频域离散化导致时域卷积，使得时域周期化［见图 1-1(g)］。图 1-1(g)中，频率横坐标的单位ω^1、f、k 三种表示方法，三者之间存在对应关系。

DFT 表达式

$$X(k)=\sum_{n=-\infty}^{\infty}x(n)\mathrm{e}^{-\mathrm{j}n2k\pi/N}\ ,\ n=0,1,\cdots,N-1 \tag{1-33}$$

由频域序号（谱线号）k 换算频率值：由 $\omega^1=2k\pi/N$，$\omega=2\pi f$ 得

$$\omega^1=2k\pi/N=\omega/f_s=2\pi f/f_s \tag{1-34}$$

故由频域序号 k 换算得到的实际频率值为

$$f=kf_s/N \tag{1-35}$$

令频率分辨率为 $f=kf_s/N$，则有

$$f=k\Delta f,\ k=0,1,\cdots,N-1 \tag{1-36}$$

由图 1-1(g)可以看出，ω^1 在 $0\sim\pi$（$k=0,1,\cdots,N/2$）区间为正频率；ω^1 在 $\pi\sim2\pi$（$k=N/2,\ N/2+1,\cdots,N-1$）区间为负频率。

1.4　快速傅里叶变换

DFT 是信号处理最基本的也是最常用的运算，它奠定了信号处理领域的基础。很多其他的算法，如卷积、相关、滤波、功率谱估计都可以转化为 DFT 进行实现。对于 N 点的序列 $x(n)$，它的 DFT 变换对定义如下：

$$\begin{cases}X(k)=\sum_{n=0}^{N-1}x(n)W_N^{nk} & k=0,1,\cdots,N-1,\quad W_N=\mathrm{e}^{-\mathrm{j}\frac{2\pi}{N}}\\ x(n)=\frac{1}{N}\sum_{n=0}^{N-1}X(k)W_N^{-nk} & n=0,1,\cdots,N-1\end{cases} \tag{1-37}$$

显然，求出一个 N 点序列的 $X(k)$需要 N^2 次复数乘法和 $N(N-1)$次复数加法。对于一次复数乘法需要进行 4 次实数相乘和 2 次实数相加，对于一次复数加法需要进行 2 次实数相加。当 N 特别大时，计算量是相当庞大的。例如，N=1 024 时，只计算乘法运算，则需要 1 048 576 次复数乘法，即需要 4 194 304 次实数乘法，计算所需要的时间过长。计算点数继续增加时，计算量是十分惊人的。

其实，在 DFT 运算过程中包含大量的重复计算。观察变换矩阵

$$
\boldsymbol{W}_N=\begin{bmatrix} W^0 & W^0 & W^0 & \cdots & W^0 \\ W^0 & W^1 & W^2 & \cdots & W^{N-1} \\ W^0 & W^2 & W^4 & \cdots & W^{2(N-1)} \\ \vdots & \vdots & \vdots & & \vdots \\ W^0 & W^{N-1} & W^{2(N-1)} & \cdots & W^{(N-1)(N-1)} \end{bmatrix}
$$

可知，$\boldsymbol{W}_N$因子的取值具有以下特点：

（1）$W^0=1$，$W^{N/2}=-1$；

（2）$W_N^{N+r}=W_N^r$，$W^{N/2+r}=-W^r$。

虽然其中包含 N^2 个元素，但由于 $\boldsymbol{W}_N$的周期性，只有 N 个独立的值，即 $W_N^0,W_N^1,\cdots,W_N^{N-1}$。再由于 $\boldsymbol{W}_N$的对称性，这样只需要计算前 $N/2$ 个点即可。

例如，对于四点的 DFT，按照式（1–37）进行计算需要 4^2=16 次复数乘法。按照上述思路计算，即根据 $\boldsymbol{W}_N$的周期性和对称性，可写成如下矩阵的形式

$$
\begin{bmatrix} X(0) \\ X(1) \\ X(2) \\ X(3) \end{bmatrix}=\begin{bmatrix} 1 & 1 & 1 & 1 \\ 1 & W^1 & -1 & -W^1 \\ 1 & -1 & 1 & -1 \\ 1 & -W^1 & -1 & W^1 \end{bmatrix}\begin{bmatrix} x(0) \\ x(1) \\ x(2) \\ x(3) \end{bmatrix}
$$

交换该矩阵第二列和第三列的顺序，得

$$
\begin{bmatrix} X(0) \\ X(1) \\ X(2) \\ X(3) \end{bmatrix}=\begin{bmatrix} 1 & 1 & 1 & 1 \\ 1 & -1 & W^1 & -W^1 \\ 1 & 1 & -1 & -1 \\ 1 & -1 & -W^1 & W^1 \end{bmatrix}\begin{bmatrix} x(0) \\ x(2) \\ x(1) \\ x(3) \end{bmatrix}
$$

由此得出的 DFT 为

$$
\begin{cases} X(0)=\left[x(0)+x(2)\right]+\left[x(1)+x(3)\right] \\ X(1)=\left[x(0)-x(2)\right]+\left[x(1)-x(3)\right]W^1 \\ X(2)=\left[x(0)+x(2)\right]-\left[x(1)+x(3)\right] \\ X(3)=\left[x(0)-x(2)\right]-\left[x(1)-x(3)\right]W^1 \end{cases} \tag{1–38}
$$

这样，四点的 DFT 的计算实际上只需要一次复数乘法。DFT 计算效率提高的关键是如何利用 $\boldsymbol{W}_N$的周期性和对称性，导出一个高效的快速算法。这一算法最早由 J. W. Cooley 和 J. W. Tukey 于 1965 年提出[2]。

Cooley 和 Tukey 提出的快速傅里叶变换（fast Fourier transform，FFT），利用

$\boldsymbol{W}_N$的周期性和对称性，把一个 N 项序列（设 $N=2k$，k 为正整数）分为两个 $N/2$ 项的子序列。FFT 利用这种“一分为二”的思想不断进行下去，直到分成两两一组的 DFT 运算单元，那么使得 N 点的 DFT 的乘法计算量由 N^2 次降为 $(N/2)\log_2 N$ 次。同样以 1 024 个数据点为例，计算量下降到 5 120 次，为原来的 4.88%。点数越多，FFT 比 DFT 计算量减少得越多，计算速度相差得越大。FFT 的重大发现是数字信号处理发展史上的一个重要转折点，加之计算机的飞速发展，使得数字信号处理理论在过去的十几年里也得到飞速发展，并广泛应用到各种领域中。

需要指出的是：经快速傅里叶变换得到的离散频谱、频率、幅值和相位均可能产生较大误差。以单频信号为例，加矩形窗时的幅值最大误差可达 36.4%，即使加其他窗时，也不能完全消除此误差。加 Hanning 窗并只进行幅值恢复时的最大幅值误差仍高达 15.3%，相位误差高达 90°，频率最大误差为 $\pm 0.5\Delta f$。因此离散频谱分析的结果“只能看整体，不能看局部”，即在很多情况下只能定性而不能精确地定量分析问题。这促进了离散频谱校正技术的发展，一般而言，经过校正的离散频谱，精度能显著提高[1]。

第2章

数 据 采 集

数据采集（data acquisition，DAQ），是指从传感器和其他待测设备等模拟和数字被测单元中自动采集非电量或电量信号，送到计算机中进行分析、处理。数据采集器是结合计算机或其他专用测试平台的测量软硬件产品来实现灵活的、用户自定义的测量系统。

2.1 数据采集器

数据采集系统一般是由放大电路、滤波器、多路模拟开关、采样/保持器、A/D 转换器、计算机接口，以及定时与控制逻辑电路组成。放大电路放大和缓冲输入信号；滤波器抑制频率混叠衰减噪声，提高输入信号的信噪比；多路模拟开关把多个模拟量参数分时接通，提高工作效率；采样/保持器保证采样过程中信号的稳定，提高采样精度；A/D 转换器把外界的模拟量转化为计算机能接收的数字量；计算机接口保证输入、输出信号顺利传输；定时与控制逻辑电路控制各元器件的逻辑及时间关系，保证各元器件能有序地工作。

按照与计算机接口的连接方式可将数据采集器分为 PCI/PCIE 接口、USB 接口、RS232/485 接口、以太网接口等。这些接口类型各有优势：PCI 接口数据采集器一般做成在计算机内插卡的数据采集卡，适合工业现场使用；USB 接口数据采集器是外接设备的形式，适合实验室应用；RS485 和以太网接口数据采集器也是外接设备的形式，在远距离、分布式场景中更具优势。此外还有一种数据采集器，就是将数据采集卡与平板电脑做成一体机，形成可以独立工作的“手持式”数据采集器。这种数据采集器与计算机的接口也是以上方式中的一种，但是从外面看不到。

数据采集器通常包括的功能如下：

1. 模拟量输入（AD）

模拟量输入是对连续变化的信号进行量化，将模拟信号通过 A/D 转换成为数字量，并将数据上传到计算机，该功能是数据采集器最基本和最重要的功能。模拟量输入主要技术参数有通道数、采样频率、分辨率、量程等。

1）通道数

模拟量输入通道数可以简单理解为可以用于模拟输入采集的通道数量。对于可以配置单端和差分两种输入方式的设备，模拟输入通道数可以分为单端输入通道数和差分输入通道数，一般差分输入通道数是单端输入通道数的一半。单端输入是指只有一个信号引脚传输信号的方式，输入信号均以共同的地线为基准。信号源的电压相对于地线的变化表示信号的信息。差分输入是通过两个相互反向的信号引脚传输信号的方式。其中，一个引脚传输正向信号，另一个引脚传输反向信号。差分信号传输利用了两个引脚之间的电压差来表示信号的信息。

2）采样频率

采样频率是指单位时间采集的数据点数，与 A/D 芯片转换一个点所需时间有关。对一个模拟信号 $x(t)$，每隔 Δt 时间采样一次，时间间隔 Δt 称为采样间隔或采样周期。它的倒数 $1/\Delta t$ 称为采样频率，单位是采样点数/秒。$t = 0, \Delta t, 2\Delta t, 3\Delta t, \cdots, x(t)$ 的数值称为采样值。所有 $x(0), x(\Delta t), x(2\Delta t), \cdots$ 都是采样值。根据采样定理，最低采样频率必须是信号最大频率的两倍。反过来说，如果给定了采样频率，那么能够正确显示信号而不发生畸变的最大频率叫作奈奎斯特频率，它是采样频率的一半。如果信号中包含频率高于奈奎斯特频率的成分，采样信号将发生畸变。数据采集器的采样频率通常指采集器支持的最大频率，典型值有 100 kHz、250 kHz、500 kHz、800 kHz、1 MHz、10 MHz 等。

3）分辨率

A/D 分辨率是指数字量变化一个最小量时模拟量的变化量。一般而言，n 位 A/D 转换器的分辨率为最大量程与 2 的 n 次方的比值。因此通常用 A/D 的位数表示分辨率。例如，16 位分辨率，当电压量程为 ±5 V 时，可以分辨的最小电压为

$$(5\times2)/2^{16} = 15.27\ \mu\text{V}$$

4）精度

精度是指测量值与真实值之间的误差，即测量准确度，一般用满量程 FSR（full scale range）的百分比表示，常见的有 0.05% FSR、0.1% FSR 等。例如，满量程范围为 0～10 V，其精度为 0.1% FSR，则误差在 10 mV 以内。

需要注意的是，A/D 分辨率和精度是两个不同的概念。分辨率描述的是刻度划分的精细程度，而精度描述的是物理量的准确程度。例如，一个 16 位的 A/D

转换器可能有很高的分辨率，但其精度可能受到其他因素的影响，如参考电压的稳定性、电路误差等。

5）量程

量程是指输入信号允许的幅值范围，常用的有±5 V、±10 V、0～5 V、0～10 V。

6）程控增益

程控增益是指进行 A/D 转换之前输入信号的放大倍数，通过数据采集卡的电压放大芯片将 A/D 转换前的信号进行固定倍数的放大，以充分使用 A/D 分辨率。常用的放大倍数有×1、×2、×4、×8 和×1、×10、×100、×1 000，也有×1、×3、×10、×30、×100。

7）触发

触发是指启动 A/D 转换的方式，可分为内触发和外触发两种。

为了适应内置集成电路放大器传感器——IEPE 传感器（integrated electronics piezo-electric）数据采集的需求，有的数据采集器的模拟量输入通道可提供 4 mA 恒流源输出，为 IEPE 传感器供电，这就是 IEPE 数据采集器。需要指出的是，压电集成电路（ICP）已经被美国 PCB 公司注册为商标（PCB Piezotronics Inc），特指其生产的 IEPE 产品。

2. 模拟量输出（DA）

模拟量输出大多用来为数据采集系统提供激励源，可以把模拟量输出当成任意波形信号发生器。主要技术指标有：通道数、分辨率、输出速率、输出电压范围、驱动能力等。这些参数的意义与模拟量输入技术指标相同。输出速率相当于 A/D 采样频率，单位是采样点数/秒。驱动能力是指最大可输出电流，一般是 mA 级。需要指出的是，mA 级模拟量输入一般不能有效驱动负载，需要接功率放大器。

3. 数字量输入输出（DIO）

数字量输入输出接口经常在数据采集系统中使用，被用作控制事件和与外围设备通信。主要技术指标有通道数、数字量信号电压范围［如高电平（数字 1）：2.0 ～30 V，低电平（数字 0）：0～1.0 V］、驱动能力（一般也为 mA 级），以及在这些通道上能输入和输出数字信号的速率。需要指出的是，数字量输出（DO）可用来控制继电器，用继电器控制设备，如打开或关闭加热器、电动机、灯。数字量输入（DI）的典型设备是拨码开关，用来设置设备的 IP 地址。

4. 计数器（CNT）

数据采集器中的计数器主要是对输入的脉冲数进行计数，以实现测量、计数和控制的功能。使用计数器可以快速准确地测量转速。主要技术指标是计数器的位数。数据采集器的计数器通常是二进制计数器，例如 16 位计数器，最大可计数到 2 的 16 次方，为 65 536。

2.2　采样参数选择

在参数选择正确的前提下，DFT 是傅里叶变换的良好近似。DFT 可以用计算机计算，且有快速算法 FFT，因而成为信号分析的有力工具。采样频率和采样长度是 DFF 最重要的两个参数。下面讨论一下这两个参数的选择。

1. 采样频率

采样频率选择依据采样定理。采样定理（sampling theory）：若连续信号 $x(t)$ 是有限带宽的，其频谱的最高频率为 f_c，对 $x(t)$抽样时，若保证抽样频率

$$f_s \geqslant 2f_c \quad (\text{或} \Omega_s \geqslant 2\Omega_c,\ \text{或} T_s \leqslant \pi / \Omega_c) \tag{2-1}$$

那么，可由 $x(nT_s)$ 恢复出 $x(t)$，即使 $x(nT_s)$ 保留了 $x(t)$的全部信息。

采样定理是由奈奎斯特（Nyquist）和香农（Shannon）分别于 1928 年和 1949 年提出的，所以又称为奈奎斯特采样定理，或香农采样定理[3]。该定理指出了对信号抽样时所必须遵守的基本原则。在实际对 $x(t)$做抽样时，首先要了解 $x(t)$的最高截止频率 f_c，以确定应选取的抽样频率 f_s。若 $x(t)$不是有限带宽的，在抽样前应对 $x(t)$做模拟滤波，以去掉 $f > f_c$ 的高频成分。这种用来防混叠的模拟滤波器又称“抗混叠”（anti-aliasing）滤波器。抽样频率 f_s 又称为“奈奎斯特频率”，即使频谱不发生混叠的最低采样频率，$f_s = 2f_c$ 称为奈奎斯特频率，$f_s/2$ 称为折叠频率。

下面是一些常见信号主要频率的大致范围[4]，可供采样时参考。

1）生理信号

① 心电图（ECG）　0～100 Hz

② 自发脑电图（EEG）　0～100 Hz

③ 表面肌电图（EMG）　10～200 Hz

④ 眼电图（EOG）　0～20 Hz

⑤ 心音　20～800 Hz

⑥ 肺音　100～1 500 Hz

⑦ 脉搏　0.5～40 Hz

⑧ 语音　100～4 000 Hz

2）振动信号

① 风噪声	100～1 000 Hz
② 地震勘探信号	10～100 Hz
③ 地震及核爆炸信号	0.01～10 Hz
④ 机械振动	0～5 000 Hz
⑤ 乐器声	30 Hz～10 kHz
⑥ 虫鸣声	40 Hz～10 kHz

2. 采样长度

采样长度由需要的频率分辨率确定。分辨率是信号处理的基本概念，包括频率分辨率和时间分辨率。通俗地说，频率分辨率是通过一个频域窗观察频谱时所看到的频率宽度，时间分辨率是通过时域窗观察信号时所看到的时间宽度。显然，窗函数的“宽度”越小越好。

频率分辨率又可定义为：将信号中两个靠得很近的谱峰区分开的能力。如果信号 $x_T(t)$ 的长度为 T（单位 s），通过傅里叶变换得到 $x_T(\mathrm{j}\Omega)$，那么 $x_T(\mathrm{j}\Omega)$ 的频率分辨率（Hz）为

$$\Delta f = 1/T \tag{2-2}$$

对于 DFT，设采样间隔为 T_s，采样点数 $N = T/T_s$，则频率分辨率为

$$\Delta f = f_s/N \tag{2-3}$$

这样，得到做 DFT 时参数选择的步骤和方法[5]：

若已知信号的最高频率 f_c，为防止混叠，选定抽样频率 f_s 满足

$$f_s \geqslant 2f_c$$

再根据实际需要，选定频率分辨率Δf。一旦Δf 选定，就可以确定做 DFT 所需要的点数 N，即

$$N = f_s / \Delta f$$

希望Δf越小越好，但Δf越小，N 越大，使计算量、存储量也随之增大。因为用 FFT 计算，常希望 N 取 2 的整次幂，若 N 数据已给定，且不能再增加，可用补零的办法使 N 为 2 的整次幂。

f_s和 N 确定以后，就可确定所需相应模拟信号 $x(t)$的长度，即

$$T = N / f_s = NT_s$$

前已指出，分辨率Δf 反比于 T，而不是 N。因此，在给定 T 的情况下，靠减小 T_s 来增加 N 是不能提高分辨率的。这是因为$T = NT_s$为一常数，若把 T_s 减小 m

倍，N 也增加 m 倍，这时

$$\Delta f = mf_s / (mN) = f_s / N = 1/(NT_s) = 1/T$$

即Δf保持不变。

需要指出的是，采样定理是选择采样频率的依据。$f_s \geqslant 2f_c$ 是不发生频率混叠的最低采样频率。工程上习惯用截止频率 f_c 的 4～5 倍采样。随着计算机技术的飞速发展，高采样频率的数据采集器和大容量的数据存储都不再困难。因此工程有时采用更高频（f_c 的 10 倍以上）采样，将数据保存在计算机磁盘中，分析时再根据需要重新抽样。

2.3　数据采集软件

数据采集器厂商除了提供硬件外，还会提供配套的软件。有的厂商提供动态连接库，调用动态连接库中函数可以控制操作数据采集器。这样用户可以根据自己的需求开发数据采集软件。下面以北京交通大学和北京优采测控技术有限公司联合开发的 UA378 数据采集器为例，说明数据采集软件的开发。

2.3.1　UA378 数据采集器功能介绍

UA378 数据采集器可与 USB 接口的各种计算机连接构成高性能的数据采集测量系统，支持 Windows XP、WIN7（32 位）、WIN7（64 位）、WIN8 等操作系统。具有 USB 设备体积小巧、无需外接电源等优点，可广泛应用于科学实验。

1. 模拟量输入

（1）通道数：4 通道同步，可加装恒流源，采集 IEPE 传感器信号；

（2）采样频率：最高采样频率 50 kHz/通道，4 通道同时使用时最高采样频率 200 kHz；

（3）分辨率：16 位；

（4）精度：优于 0.02%（满量程）；

（5）量程：±5 V（也可以选择±10 V，订货时声明）；

（6）程控增益：各通道独立程控放大×1、×2、×4、×8、×16 倍；

（7）触发方式：内触发；

（8）输入阻抗：＞1 MΩ（输入阻抗越大越好，说明采集器不需要信号能量）。

2. 模拟量输出

（1）通道数：1 通道；

（2）分辨率：12 位；

（3）输出速率：500 000 点/s；

（4）输出电压：±10 V；

（5）驱动能力：3 mA@5 V。

3. 数字量输入输出

（1）通道数：8DI/8DO；

（2）电压范围：5 V TTL 电平兼容，即 0～0.8 V 为低电平（数字 0），2.0～5.0 V 为高电平（数字 1）；

（3）驱动能力：15 mA @ 5 V。

4. 计数器

1 路脉冲计数器，16 位，0～65 535 累加计数，5 V TTL 电平兼容。

图 2-1 为 UA378 数据采集器的外形。AD0～AD3 为 4 路模拟量输入通道，DA 为模拟量输出通道，计数器为计数脉冲输入通道。采集器的背面 DB25 接线端子，引出数字量输入输出。

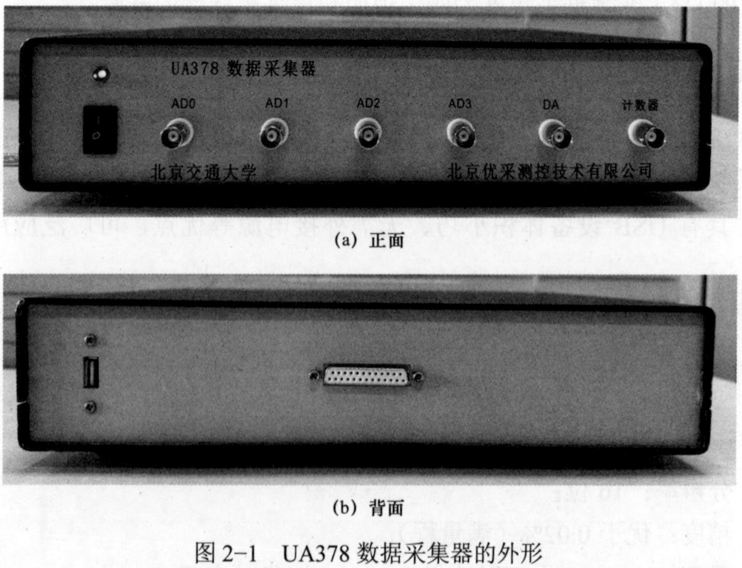

(a) 正面

(b) 背面

图 2-1　UA378 数据采集器的外形

2.3.2　UA378 数据采集器编程

USB 设备使用需要安装驱动程序，首先执行 CDMv2.12.00WHQLCertified.exe

即可在系统自动安装驱动程序。动态连接库函数保存在 UA378.dll、UA378.lib、UA378.h 3 个文件中，有 32 位和 64 位 2 个版本，WIN7（64 位）及更高版本的操作系统应使用 64 位版本动态连接库。调用动态连接库中的函数，可实现对数据采集器的控制操作。动态连接库函数见表 2-1。

表 2-1　动态连接库函数

名称	功能	备注
OpenUA378_ad	打开 UA378 AD 设备	
CloseUA378_ad	关闭 UA378 AD 设备	
ssad	单通道单点采集	
started	设置参数启动连续采集	
readad	读取采集数据	三个函数配套使用，边采边存，连续大量数据时用
stopad	停止连续采集	
dout	数字量输出	
din	数字量输入	
ccnt	计数器清零并开始计数	
rcnt	读计数器	
OpenUA378_da	打开 UA378 DA 设备	
CloseUA378_da	关闭 UA378 DA 设备	
fda1_set	初始化 D/A 函数发生器功能	
fda1_go	启动 D/A 函数发生器输出	
fda1_w	写任意波形数据	
fda1_cf	改变 D/A 函数发生器输出速率	
fda1_get	得到 D/A 函数发生器状态	
fda1_stop	停止 D/A 函数发生器输出	

UA378 数据采集器软件开发可使用多种 Windows 编程工具编程，如 VC、C++、C#、VB、VB.net、LabVIEW 等。本书用 VB 开发数据采集器，实现模拟量采集、模拟量输出、数字量输入输出等功能，完全可以满足“信号与系统”课程实验信号采集分析的需要。

本书编者开发的UA378数据采集器，共包括8个功能模块，如图2–2所示。记录仪采集、显示、记录1个通道的模拟量输入信号；频谱仪采集、记录1个通道的模拟量输入信号，显示信号的波形和频谱；示波器同步采集、波形显示、记录2个通道的模拟量输入信号；控制板控制数字量输入输出和计数器；四通道（示波器）同步采集、波形显示、记录4个通道的模拟量输入信号；信号源控制模拟量输出，功能相当于任意波形信号发生器；测量是同时使用模拟量输出和模拟量输入的专用测试模块；瞬态是2通道瞬态信号同步采集模块，本书第8章薄板锤击实验需要使用这个模块采集数据。

图2–2　UA378数据采集器功能模块

下面介绍各模块的功能。用信号发射器产生频率1 000 Hz、峰–峰值2.5 V的正弦信号，接入数据采集器模拟量输入接口。启动频谱仪采集信号，工作界面如图2–3所示。最上面左侧第1个标签显示当前采集显示的通道数，可以通过右边的“通道”按键调整。最上面左侧第2个标签显示采样频率，可以通过右边的“频率+”和“频率–”按键选择不同的采样频率。单击右边“采样”按键后，启动模拟量采集。这时屏幕上半边显示信号的波形，最左侧显示模拟通道的电压量程，

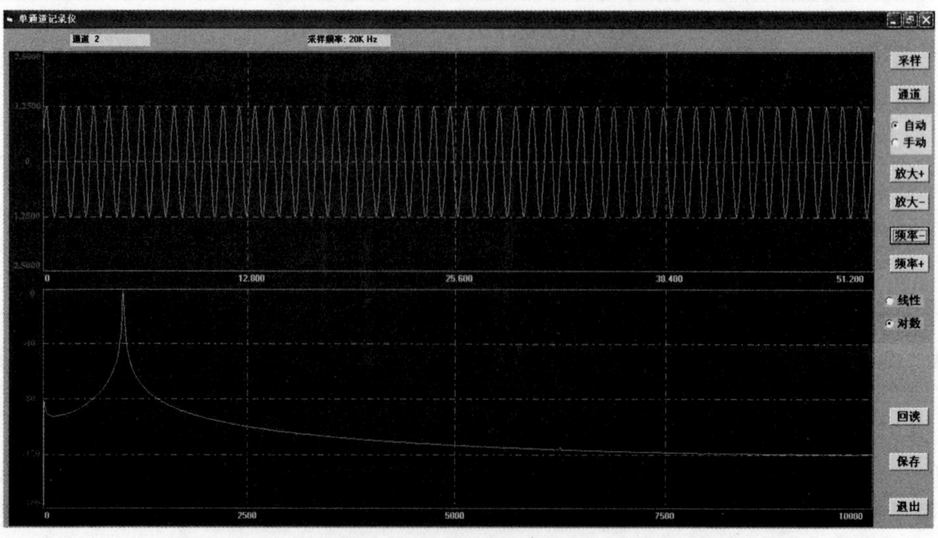

图2–3　频谱仪工作界面

波形下侧是时间轴。在右边控制区可以通过按键选择“手动”或“自动”来调整信号的程控增益放大倍数。如果选择“自动”，采集器软件根据采集信号的最大幅值自动选择最合适的程控增益放大倍数；如果选择“手动”，则可以通过“放大+”和“放大−”按键调整程控增益放大倍数。屏幕下半边显示信号的频谱，右边的“线性”与“对数”按键用来选择线性或对数标度频谱的幅值。频谱下边显示频率轴。单击右侧的“保存”按键，可以将采集的数据保存形成数据文件。单击“回读”按键，可选择显示回放磁盘中保存的文件。单击“退出”按键，则退出频谱仪的使用。

需要说明的是，单击“保存”按键，填写文件名后，将生成扩展名不同的 2 个文件：一个是扩展名为“dat”的二进制文件，存放采集的数据；另一个是扩展名为“sts”的文本文件，存放采样频率、程控增益放大倍数等信息。本书编者开发的软件默认一次保存 40 960 个采样点的数据。选择“连续采集方式”采集数据，可以任意设置采集存盘的数据点数，最大值由计算机磁盘的大小决定。

如果选择 UA378 数据采集器模拟量输入量程为±5 V，分辨率为 16 位，则二进制数的范围是$-2^{15}\sim+2^{15}$（即−32 768～32 768）。那么二进制数与信号电压的转换关系为

$$信号电压=\frac{二进制数}{65\,536}\times\frac{10}{程控增益放大倍数}$$

二进制数据按通道顺序保存。例如，4 个模拟量通道同步采集，则数据保存格式为：0 通道数据 1，1 通道数据 1，2 通道数据 1，3 通道数据 1，0 通道数据 2，…。

如果选择使用示波器，则同步采集显示 2 个模拟量通道的波形，如图 2−4 所示。每个通道的右上角打印出信号的均方根值和峭度两个参数。图 2−4 中，上边通道采集的正弦信号的均方根值 rms = 1.771，峭度 kurt = 1.501；下边通道采集的方波信号的均方根值 rms = 0.499，峭度 kurt = 1.009。右边控制区功能按键的使用与频谱仪相同。需要指出的是，UA378 数据采集器 4 个模拟量通道的程控增益放大是独立的，上边的模拟量通道程控增益放大倍数是 ×1 倍，下边的模拟量通道程控增益放大倍数是 ×8 倍。

如果选择使用四通道示波器，则同步采集显示 4 个模拟量通道的波形，如图 2−5 所示。AD0 通道输入正弦信号；AD1 通道“短接”，没有信号输入；AD2 通道输入方波信号；AD3 通道“短接”，没有信号输入。注意右侧控制区域，单击“增益”按键，弹出一个对话框，可调整 4 个通道的程控增益放大倍数。

如果选择使用瞬态信号采样，则弹出瞬态信号采集参数设置界面，如图 2−6 所示。

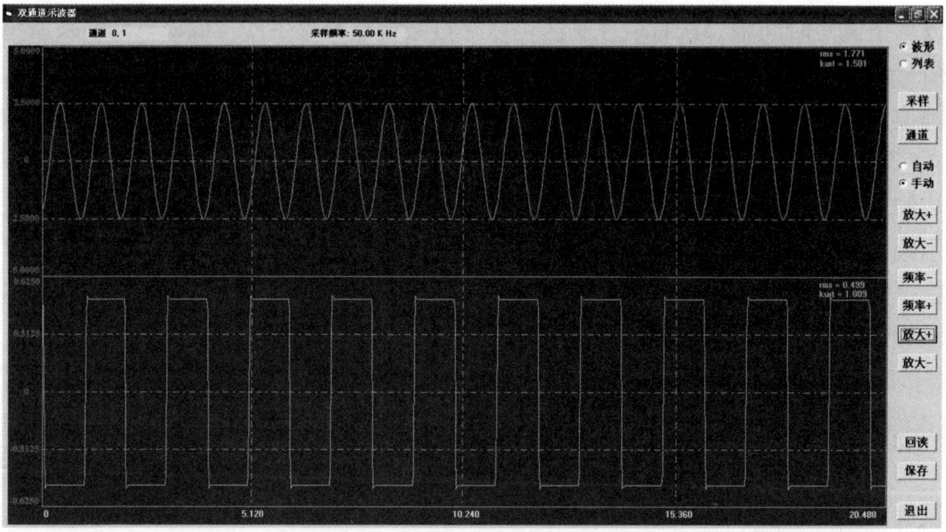

图 2-4　双通道示波器工作界面

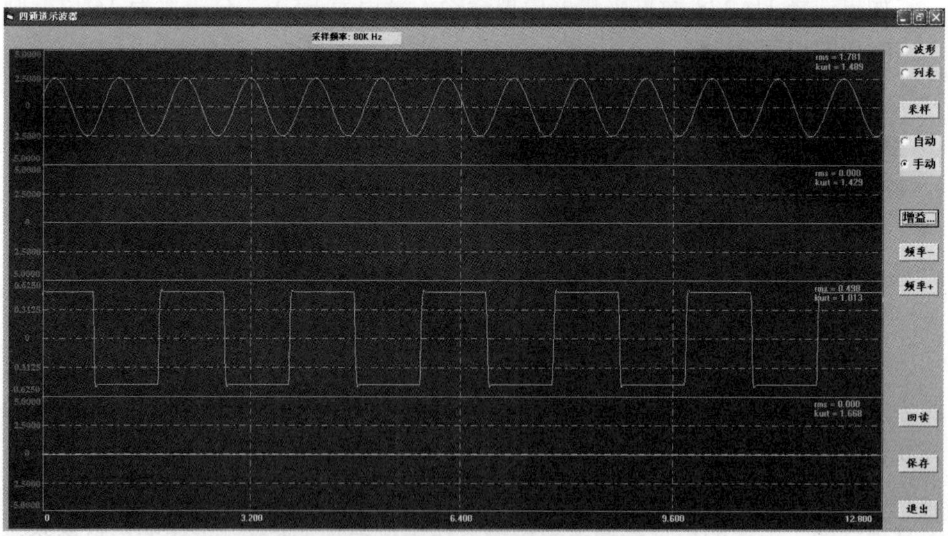

图 2-5　四通道示波器工作界面

需要选择触发通道（默认第 1 通道）、触发电平（默认 200 mV）、滞后点数（默认 32 个点）、采样频率、采样点数、采样块数等参数。

单击“采样”，系统进入自循环模式，不断采集 2 个通道的信号，每次采集“滞后点数”设定的数据点数。检查触发通道的信号是否达到触发电平，一旦达到触发电平，停止循环采样，同步采集 2 个通道的信号（采样频率、采样点数根据设定值）。然后，将原先采集的数据（滞后点数个数据点）与刚采集的数据合并，保存到计算机磁盘（设定的路径和文件名），末尾超过设定采样点数的数据舍弃。这种数据采集方式较适合用于力锤敲击结构件的振动信号采样（详见本书第 8 章）。需要指出的是，这样的瞬态信号采样一般需要重复进行 3～5 次，即对一个结构件敲击 3～5 次，同步采集敲击力信号和振动信号（具体次数可通过“采样块数”设定），多次采样的数据保存在同一个数据文件中。

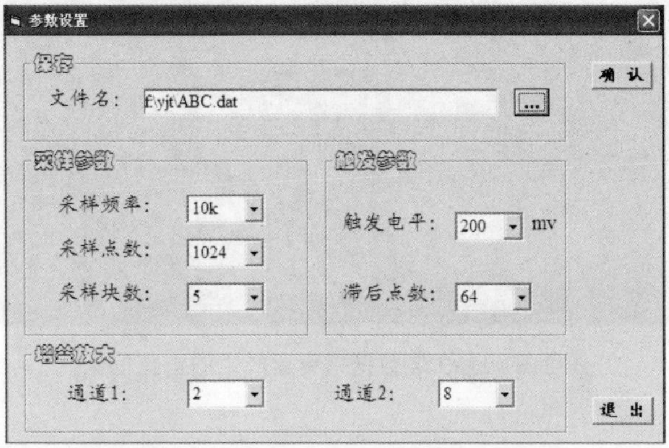

图 2-6　瞬态信号采集参数设置界面

单击功能模块选择界面的“信号源”，弹出对话框，如图 2-7 所示。这是一个任意波形信号发生器。除了可以产生幅值和频率可以调整的正弦波、三角波、方波、白噪声等信号外，还可以产生扫频正弦信号、扩频码等信号。此外，如果选择“文件”，可以将事先采集好、保存在计算机磁盘里的数据输出。图 2-8、图 2-9 分别是用“频谱仪”模块采集分析用上述信号发生器生成的正弦波和白噪声信号。

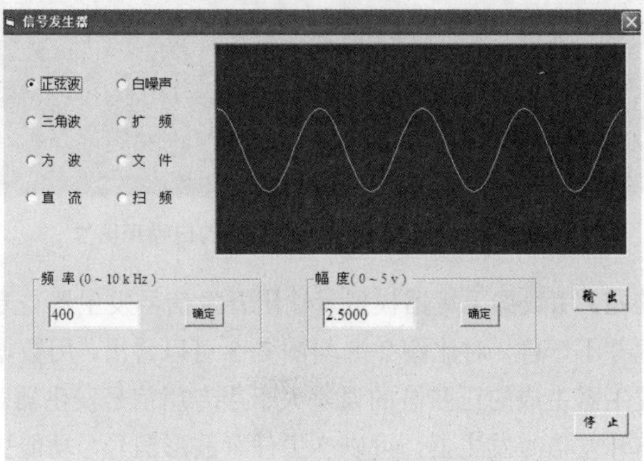

图 2-7　信号发生器工作界面

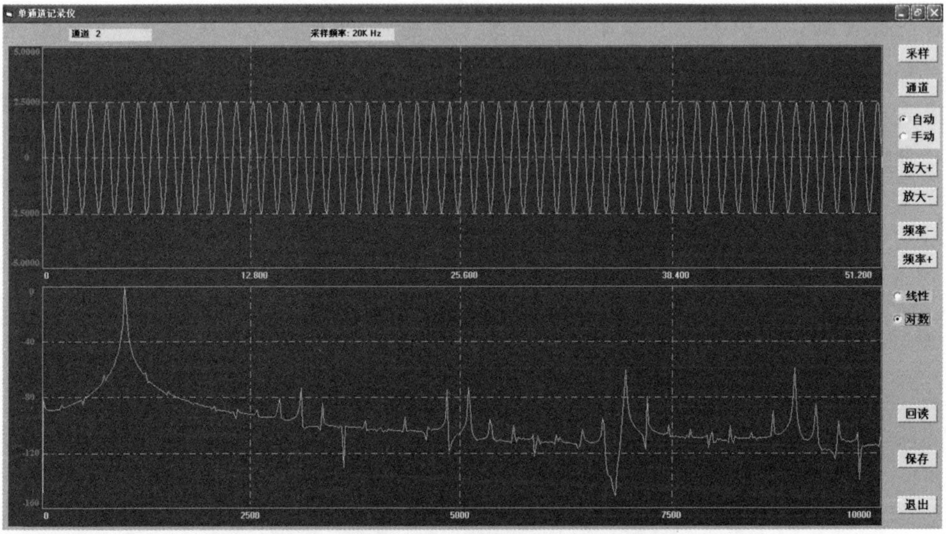

图 2-8 UA378 数据采集器产生的正弦信号

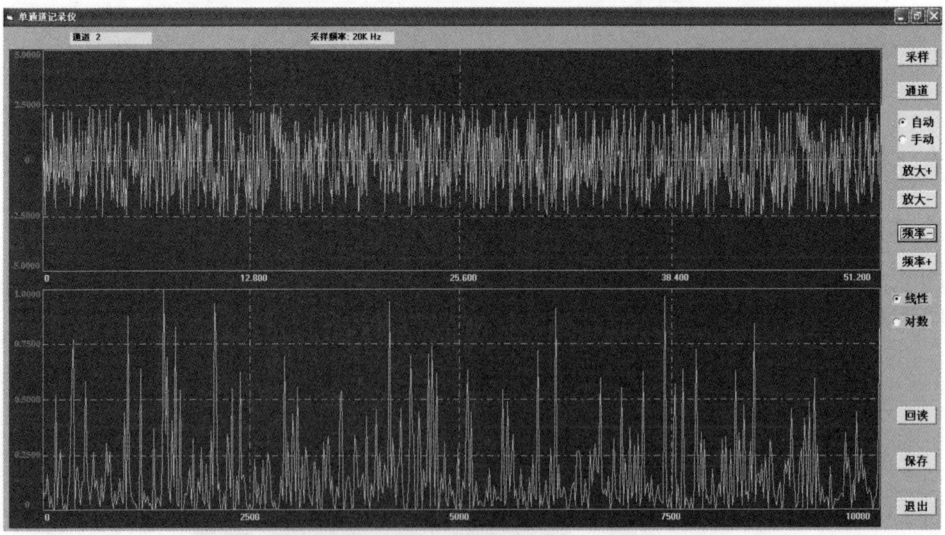

图 2-9 UA378 数据采集器产生的白噪声信号

需要指出的是，用数据采集器模拟量输出开发信号发生器与专用信号发生器的信号产生原理并不一样。对比图 2-8 与图 2-3 可以看出，用数据采集器模拟量输出开发信号发生器生成的正弦波的误差大于用专用信号发生器。但是用数据采集器模拟量输出开发信号发生器，可以产生任意波形信号，功能更丰富，具体方法和应用将在本书第 7 章信号产生实验中介绍。

单击功能模块选择界面的“控制板”，可展示数字输入、数字输出和计数器的使用。为了接线方便，使用 DIO 扩展板，如图 2–10 所示。

图 2–10　DIO 扩展板

8 个 DI 通道，可接入输入数字量。为了使用方便，8 个 DI 通道并联了一个 8 位拨码开关（注意拨码开关的高位在右边）。在 8 个 DI 通道没有接入数字量时，使用 din 函数，系统读入拨码开关设置二进制数。如图 2–10 所示状态的拨码开关设置，读入的二进制数（用 16 进制表示）是 9D。在接入数字输入时，可将拨码开关各位都设置为 OFF。

8 个 DO 通道各并联一个 LED，各通道输出高电平（“1”）时，LED 点亮。DO7 通道控制一个继电器，继电器有一对常开触点（图 2–10 中 A）和一对常闭触点（图 2–10 中 B）。数字输出最大可输出电流较小，驱动能力较弱，只能控制小的继电器。但是小继电器的触点可以控制大的继电器，逐级放大后，可控制接触器等大电流的设备。

计数脉冲可以在前面板脉冲通道接入。ccnt 函数将计数器原有的计数清零，rent 函数返回设定时间段输入脉冲上升沿的个数。需要指出的是，Visual Basic 中的 Timer 控件计时不是非常准确，如果用 Timer 控件计时与 rent 函数配合计脉冲数会有偏差。如果需要高精度单位时间计数，可以考虑使用 Windows 中 API 函数计时。

第 3 章

MATLAB 编程辅导

3.1 MATLAB 简介

MATLAB 是美国 MathWorks 公司出品的一款功能强大的商业数学软件[6]，为 Matrix Laboratory（矩阵实验室）的缩写。自 1984 年问世以来，MATLAB 已经凭借其强大的数值计算能力、丰富的内置函数库、直观的编程环境和广泛的应用领域，成为了科学计算、工程分析、数学建模及数据可视化等领域的首选工具。

3.1.1 MATLAB 的核心功能

MATLAB 的核心功能在于其强大的矩阵运算能力和丰富的内置函数库[7]。MATLAB 将矩阵作为基本数据类型，几乎所有的数据都以矩阵的形式存储和操作。这使得 MATLAB 在处理大规模数据和复杂数学问题时表现出色。此外，MATLAB 还提供了大量的内置函数，涵盖了从基本的数学运算到高级的统计分析、信号处理、图像处理、控制系统设计等多个领域。这些函数使得用户可以轻松地进行数据输入、结果查看和代码编写，极大地提高了工作效率。绘图和可视化是 MATLAB 的另一大核心功能。MATLAB 提供了强大的图形绘制工具，用户可以使用它绘制各种类型的图表，如线图、散点图、柱状图、饼图、直方图等。这些图表能够直观地展示数据的分布、趋势和关系，帮助用户更好地理解数据。此外，MATLAB 还支持三维图形的绘制和动画效果，使得用户能够在三维空间中展示数据，增强数据的可视化效果。

3.1.2 MATLAB 工具箱

MATLAB 提供了多种工具箱来扩展其功能和应用范围，这些工具箱可分为两大类，即功能性工具箱和科学性工具箱。功能性工具箱主要用来扩充 MATLAB

的符号计算功能、图形可视化功能、建模仿真功能、文字处理功能及与硬件实时交互功能。科学性工具箱按学科领域分类，如控制工具箱、信号处理工具箱、通信工具箱、神经网络工具箱、统计工具箱等。MATLAB 常见工具箱见表 3–1。

表 3–1 MATLAB 常用工具箱

分类	工具箱
控制类	控制系统工具箱（Control System Toolbox）
	系统辨识工具箱（System Identification Toolbox）
	神经网络工具箱（Neural Network Toolbox）
	模糊逻辑工具箱（Fuzzy Logic Toolbox）
	模型预测控制工具箱（Model Predictive Control Toolbox）
	频域系统辨识工具箱（Frequency Domain System Identification Toolbox）
	鲁棒控制工具箱（Robust Control Toolbox）
信号处理类	信号处理工具箱（Signal Processing Toolbox）
	小波分析工具箱（Wavelet Toolbox）
	通信工具箱（Communication Toolbox）
	滤波器设计工具箱（Filter Design Toolbox）
应用数学类	优化工具箱（Optimization Toolbox）
	偏微分方程工具箱（Partial Differential Equation Toolbox）
	统计工具箱（Statics Toolbox）
其他	符号数学工具箱（Symbolic Math Toolbox）
	图像处理工具箱（Image Processing Toolbox）
	财政金融工具箱（Financial Toolbox）

MathWorks 公司的第三方还在自己的研究领域用 MATLAB 开发了众多的工具箱，信号分析常用的包括：联合信号与系统公司开发的高阶谱分析工具箱（Higher–Order Spectral Analysis Toolbox）[8]，法国国家科学研究院和美国 Rice 大学的时频分析工具箱（Time–Frequency Toolbox）[9]，德国卡塞尔大学的平稳与非平稳信号谱分析与线性预测工具箱（Toolbox for Spectral Analysis and Linear Prediction of Stationary and Non–Stationary Signals）[10]等。

3.2 MATLAB 基础知识

3.2.1 MATLAB 基本数据类型

MATLAB 基本数据类型包含数值、逻辑、字符和符号。变量无需定义即可使用，设定的变量名第一个字符必须是英文字母，后面可以跟字母、数字或下划线。

MATLAB 的实质是对矩阵进行运算，大部分的运算可以使用矩阵方式进行。矩阵使用“[]”进行表示，方括号内使用“,”或空格分隔矩阵中每行的元素；使用“;”或回车分隔矩阵的行。矩阵元素中可以使用任意数据类型。

信号分析中最常用的生成一维矩阵（向量）语句为

```
s=s1:s2:s3
```

其中，s 为产生的向量，s1 为起始值，s2 为步长，s3 为终止值。如果忽略 s2 项，则默认增量为 1。

需要指出的是，MATLAB 矩阵（向量）的操作比它的编译器或解释器快一个数量级以上，因此尽量转换成矩阵或向量运算。

3.2.2 利用 MATLAB 内置函数创建矩阵

除了前文提到的直接输入矩阵元素的方式及采用冒号运算符的方式外，MATLAB 也提供了很多内置函数来辅助进行矩阵创建，见表 3-2。例如

```
A=zeros(1,N);
```

用来生成 1 行 N 列的全零矩阵（空矩阵）。

表 3-2 MATLAB 的内置函数创建矩阵

函数名	功能介绍
ones()	生成全为 1 的矩阵
zeros()	生成全为 0 的矩阵
eye()	生成单位阵
diag()	生成对角阵

3.2.3　MATLAB 基本运算

1. 算数运算

MATLAB 的基本运算以矩阵为基本单元，定义了矩阵之间的四则运算、求幂、转置，见表 3-3。

表 3-3　MATLAB 的代数运算符

符号	含义	符号	含义
+ −	矩阵加，矩阵减	*	矩阵乘
/ \	矩阵右除，矩阵左除	^	矩阵幂
' .'	共轭转置，转置	=	赋值
.* .^	矩阵点乘，矩阵点幂	./ .\	矩阵点右除，矩阵点左除

2. 关系运算

MATLAB 中两个元素之间的关系有 6 种，见表 3-4。在比较两个元素大小时，如果表达式为真则返回 1，否则返回 0。

表 3-4　MATLAB 的比较运算符

比较运算符	含义	比较运算符	含义
<	小于	>=	不小于
<=	不大于	==	等于
>	大于	~=	不等于

3. 逻辑运算

MATLAB 逻辑运算用于处理布尔值（即 true 和 false）及逻辑表达式，见表 3-5。

表 3-5　MATLAB 的逻辑运算符

逻辑运算符	含义	逻辑运算符	含义
&	与	all	逻辑条件任何一个
|	或	any	逻辑条件全部
~	非	xor	异或

3.2.4　MATLAB 的工作方式

MATLAB 执行指令有两种方式，一种是交互式的命令行工作方式，直接在命令行逐条输入指令，也就是前文例子中的方式，这种方式简单，但是如果处理较为复杂的问题时容易出错，严重影响工作效率；另一种是使用 M 文件编程，将一系列命令保存为脚本文件（.m 文件），MATLAB 会按顺序执行。脚本文件可以是命令文件（script M−file），也可以是函数文件（function M−file）。命令文件没有输入参数，也不返回输出，主要用于按顺序执行一系列命令；函数文件则可以接收输入参数，并返回输出结果，类似于其他编程语言中的函数。实际上 MATLAB 工具箱的函数就是一个个 M 文件，它们和自己编写的函数文件没有什么不同。

如果一个 M 文件的第一行以 function 字样开头，它就是函数文件。函数文件可以自带参数和返回值，因此比命令文件复杂。函数文件的首行用来声明这是一个函数文件，并且需要指明函数名、输入参数和输出参数，即

```
function [output1, output2, ...] = functionname(input1, input2, ...);
```

其中，output1，output2，...为输出参数，也叫返回值；input1，input2，...为输入参数；functionname 为函数名，建议和文件名相同。

3.2.5 MATLAB 的程序控制结构

和其他语言程序一样，在顺序结构的基础上，MATLAB 还提供分支结构和循环结构控制语句。

1. 顺序结构

顺序结构是程序按照代码书写顺序依次执行的基本结构。在 MATLAB 中，代码会从上到下依次执行，没有条件判断或循环控制。这种结构相对简单，不需要额外的控制语句，适用于执行一系列顺序相关的操作。

2. 分支结构

分支结构根据条件选择不同的执行路径，常用的语句有 if、else 和 elseif。

（1）if 语句：如果条件成立，则执行相应的代码块。

（2）else 语句：如果前面的条件都不成立，则执行 else 后的代码块。

（3）elseif 语句：在多个条件需要判断时使用，如果前面的条件不成立，则继续判断下一个条件。

3. 循环结构

循环结构允许程序多次执行同一段代码，常用的循环有 for 循环和 while 循环。

（1）for 循环：执行固定次数的循环，通常用于遍历数组或向量。

（2）while 循环：在条件满足时执行循环，直到条件不再满足为止。

MATLAB 还提供了 break 语句和 continue 语句来控制循环的执行。break 语句用于终止循环的执行；而 continue 语句则用于跳过循环体中的某些语句，继续下一次循环。

3.3 MATLAB 绘图

MATLAB 提供了强大的图形绘制功能。在大多数情况下，用户只需要指定绘图的方式，提供绘图数据，利用 MATLAB 提供的丰富的二维、三维图形函数，就可以绘制出所需的图形。

MATLAB 绘图的第一步是使用 figure 函数生成一个新图框，后面的绘图函数将针对此图框进行一系列的操作。如果没有指定图框，MATLAB 会默认使用 figure 函数创建一个新图框。

信号分析常用的绘图函数包括以下各类。

3.3.1 plot 函数

在二维图形绘制函数中，plot 函数是最基本的绘图函数，该函数产生一幅 x 轴和 y 轴均为线性尺度的直角坐标图，用法如下

```
plot(x);
```

表示缺省自变量绘图格式，x 为向量，以 x 元素值为纵坐标，以元素的相应下标为横坐标绘制图形。

```
plot(x,y);
```

表示 plot 函数基本调用格式，x、y 均为向量时，以 x 向量作为 X 轴、y 向量作为 Y 轴绘制曲线。注意 x 和 y 中元素的个数必须相同。

此外，plot 函数还支持同时绘制多个线条，用法如下

```
plot(x1,y1,x2,y2,…);
```

plot 函数还可以改变曲线的颜色、线条和样式，用法如下

```
plot(x,y,'linestyle');
```

字符串 linestyle 表示颜色、线条和点型的字符组合。表 3–6 列出了所有的字符。

表 3–6 plot 函数绘图样式类型

字符	类型	意义
b/g/r/c/m/y/k/w/[r,g,b]	颜色	蓝/绿/红/蓝绿/紫红/黄/黑/白/任意颜色
./x/+/h/*/s/d/v/^/</>/p/o	点型	点/叉号/+/六角星/星号/方形/菱形/下三角/上三角/左三角/右三角/正五边形/圆圈
–/:/–./––	线型	实线/点线/点画线/虚线

3.3.2 stem 函数

在 MATLAB 中，stem 函数用于绘制离散序列的离散时间图形，也称为“火柴棒图”（stem plot）。这种图形通常用于表示离散信号，可以清晰地显示每个采样点及其对应的值。

stem 函数的用法和 plot 函数类似，用法为

```
stem(Y);
stem(X, Y);
stem(X, Y, 'filled');
stem(..., 'LineSpec');
stem(..., 'MarkerFaceColor', MFC);
stem(..., 'MarkerEdgeColor', MEC);
```

参数说明：

（1）Y：一个向量，表示要绘制的离散序列的值。此时，X 轴上的点默认是从 1 到 length(Y)的整数。

（2）X：一个向量，表示离散序列的索引或时间值。

（3）'filled'：一个可选参数，用于指定茎图是否填充圆圈。

（4）'LineSpec'：指定线条的样式、颜色和标记。例如，'–r'表示红色实线，'--go'表示绿色虚线带圆圈标记。

（5）'MarkerFaceColor', MFC：指定标记的填充颜色。

（6）'MarkerEdgeColor', MEC：指定标记的边缘颜色。

3.3.3 其他辅助函数

如果要对同种数据进行比较，经常需要在同一个坐标系上绘制图形。除了同时绘制多个线条外，还可以调用 hold on 指令，意思为“保持模式”，即绘制的第二个线条不会覆盖前面的线条。使用 hold off 指令，可关闭此功能。

绘图时有可能需要在同一个图形窗口中创建多个子图，这时需要调用 subplot 函数，该函数可以分割图框，每个子图都有自己的坐标轴和标签，但共享同一个图形窗口的工具栏和菜单，用法为

```
subplot(M, N, n);
```

表示将图形框分割成 M 行 N 列，将这个图形窗口布置为 M×N 幅子图，类似于 M×N 矩阵；n 代表子图的编号，编号的规则是：左上方为第 1 幅，按照先遍历列、再遍历行的顺序一直到右下角的最后一个子图。

为了完整地绘制图形，需要标注图形标识，图形标识包括图名（title）、坐标轴名（label）和图例（legend）。可以用 grid on 命令在各个坐标轴上添加网格属性，使得线条的坐标看起来更加清晰。使用 xlabel()和 ylabel()函数添加横轴和纵轴的说明文字。使用 title()函数添加整个图框或某个子图框的标题。最后，还可以使用 legend()函数增加图例，只需要按顺序标注已绘制出的每个线条名称。

MATLAB 在绘制图形时，能够根据所给的数据范围自适应调整坐标系的范围，使绘制的线条清晰地显示出来。如果用户觉得自动选择的坐标系不合适，可以调用 axis()函数修改坐标系的范围，用法为

$$axis([x_{min}, x_{max}, y_{min}, y_{max}]);$$

其中，x_{min}、x_{max} 分别表示 x 轴的最小、最大值；y_{min}、y_{max} 分别表示 y 轴的最小、最大值。如果只想改变 x 轴或 y 轴的坐标系范围，可以使用以下命令

$$xlim([x_{min}, x_{max}]), ylim([y_{min}, y_{max}]);$$

3.3.4 三维绘图

在 MATLAB 中，有多种函数可以用于绘制三维图形，见表 3-7。

表 3-7　MATLAB 中的三维绘图函数

函数名	用途	语法
plot3	绘制三维线图	plot3(X,Y,Z)
scatter3	绘制三维散点图	scatter3(X,Y,Z)
surf	绘制三维曲面图	surf(X,Y,Z)
mesh	类似于 surf，但绘制的是网格线而不是填充的曲面	mesh(X,Y,Z)
bar3	绘制三维条形图	bar3(Y)或 bar3(X,Y)
stem3	绘制三维离散序列数据图（类似于二维中的 stem）	stem3(X,Y,Z)
contour3	绘制三维等高线图	contour3(X,Y,Z)

3.4 MATLAB 数据交互

3.4.1 文件的打开和关闭

MATLAB 提供了多种方式从磁盘读入文件或将数据输入到工作空间，即读

取数据，又称为导入数据；将工作空间的变量储存到磁盘文件中称为存写数据或导出数据。选择哪种方式，根据用户的需求和数据的格式而定[11]。

在 MATLAB 中，读写文本文件或二进制文件之前，都必须使用 fopen 函数先将其打开。fopen 函数用于打开一个文件并返回该文件的描述符，便于后续进行读写操作，用法如下

```
fid = fopen('filename', 'mode');
```

其中，filename 表示要读取的文件名称，必须包含完整或相对路径；mode 表示要对文件的读写方式，可以为表 3–8 中的任意一个字符串。

表 3–8　文件的读写方式

mode	含　义
r	只读的方式打开文件。该文件已经存在
r+	读写的方式打开文件，先读后写。该文件已经存在
w	写的方式打开文件。该文件已经存在则更新，不存在则创建
w+	读写的方式打开文件，先读后写。该文件已经存在则更新，不存在则创建
a	追加写的方式打开文件，在文件末端写入数据。文件不存在则创建
a+	追加读写的方式打开文件，先读后写。文件不存在则创建

fopen 有一个返回值 fid，表示文件描述符。通常情况下是非负值，表示文件打开成功，可用此描述符对文件进行各种操作。如果 fid 返回值是–1，则表示文件打开失败，可能是该文件不存在，也可能是对该文件没有足够的访问权限。

当完成文件的读写操作后需要关闭文件，以防止数据的丢失或者损坏。在 MATLAB 中使用 fclose 函数来关闭文件，用法如下

```
status = fclose(fid);
```

其中，fid 为打开文件时的文件描述符。fclose 返回值为 0 时，代表成功关闭 fid 标志的文件；返回值为–1 时，代表关闭该文件失败。一般来讲，完成了文件的读写，就必须关闭文件，以便对其进行其他操作。fclose 函数出错的概率很小，因此可以不对返回值进行判断。

如果想要一次性关闭所有的打开文件，可以使用以下命令

```
fclose('all');
```

总结一下，文件的打开和关闭分别使用 fopen 函数和 fclose 函数，要完成文件数据流的交互，需要进行以下几个步骤：

（1）使用 fopen 函数打开文件：fopen 函数成功打开文件时返回文件的描述

符 fid，利用 fid 可以使用其他的文件操作函数。

（2）对文件进行操作：例如，读二进制数据。

（3）使用 fclose 函数关闭该文件。

3.4.2　二进制数据的读取

使用 fread 函数可以从文件中读取二进制数据，它将每个字节作为整数看待，并将结果以矩阵的方式返回。为了数据读取的准确性，在使用该函数时，必须指定正确的数据精度。fread 函数的基本用法如下

```
[A, count] = fread(fid, size, 'accuracy');
```

其中，fid 由 fopen 函数获得，表示要读取文件的标识符；size 表示要读取的数据大小，可以从表 3–9 中任意取值，默认情况下读取全部数据。

表 3–9　读取内容的大小

size	含义
N	读取 N 个元素到一个列向量
Inf	读取整个文件到一个列向量
[M, N]	读取数据到 M×N 的矩阵中，数据按列存放。N 可以为 Inf，但 M 不可以

使用 fread 函数的第三个输入变量 accuracy，可以控制 fread 函数将二进制数据转换成 MATLAB 矩阵的精度，或者说数据类型。accuracy 的常用数据精度类型见表 3–10。

表 3–10　常用数据精度类型

数据类型	含义	数据类型	含义
int8	8 位带符号整数	int32	32 位带符号整数
uint8	8 位无符号整数	uint32	32 位无符号整数
int16	16 位带符号整数	float	单精度浮点数（通常是 32 位）
uint16	16 位无符号整数	double	双精度浮点数（通常是 64 位）

【例 3–1】本例展示从二进制文件中读取数据、绘制信号时域波形并计算均方根值（RMS）。

代码	注释
`clear;`	清除工作区中的所有变量
`ndraw=512;`	定义变量，用于指定绘图时使用的数据点数
`N=1024*40;`	定义变量，用于指定要从文件中读取的数据总点数
`x=zeros(1,N);`	初始化一个长度为 N 的零数组，用于存储从文件中读取的数据
`f_id=fopen('dy1k1.dat','r');`	打开名为'dy1k1.dat'的数据文件，准备读取数据
`x= fread(f_id,N, 'int16');`	从文件中读取 N 个 16 位整数（int16）数据，存储到数组 x 中
`fclose(f_id);`	关闭数据文件，释放资源
`x=x/65536*10;`	将读取的 16 位 A/D 采样数据转换为电压值，范围为-5~+5 V
`x=x/2;`	由于数据经过程控增益放大了 2 倍，这里需要将电压值除以 2 以还原到放大前的水平
`x=x*200;`	将电压值乘以 200，以转换为原边电压
`plot(x(1:ndraw)); grid on;`	绘制前 ndraw 个数据点的波形图，并显示网格
`rms = 0;`	
`for j=1:N`	
`   rms = rms + x(j) * x(j);`	计算数组 x 的均方根值
`end`	
`rms = sqrt(rms / N);`	
`stdx = std(x);`	用 MATLAB 函数计算均方根值

代码运行后输出如图 3-1 所示，计算均方根值如下：

rms=222.418 0

stdx=222.416 9

可以看出，市电电压有效值 220 V，最大值约 310 V。两种方法计算得出的有效值都是 222.4 V，非常接近。

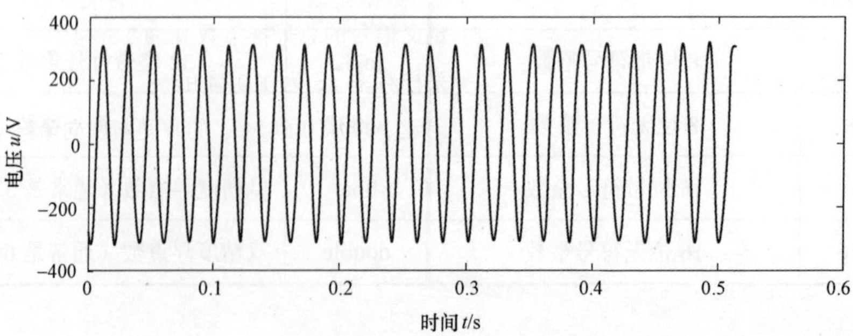

图 3-1　例 3-1 的运行结果

3.4.3　文本数据的读取

fscanf 函数用来读取 ASCII 或其他格式的文本文件，将读取的内容存放在一个变量中，并返回实际读取的数据大小。fscanf 函数的调用方式如下

```
[A, count] = fscanf (fid, 'format', size);
```

其中，fid 是由 fopen 函数打开文件所获得的文件标识符；size 表示要读取的数据大小，见表 3-9；format 表示格式转换符，由字符%开头，常见的格式见表 3-11；返回值 A 表示读取到的数据；count 表示实际读取数据的数量。

表 3-11　常见用于输入的格式转换符

格式转换符	含义	格式转换符	含义
%c	读取字符型变量	%f	读取单精度浮点数
%s	读取字符串变量	%g	读取双精度浮点数
%d	读取整数型变量		

若用户的数据文件为“.mat”文件，或者只包含行列齐备的数字数据的 ASCII 格式文件，也可使用 load 函数，用法为

```
A = load ('filename');
```

其中，filename 为文件名（包括文件路径和后缀名，如果文件在当前目录下，则可以省略路径），必须以“.txt”结尾；A 为读取到的数据。

【例 3-2】采集好的信号保存在文本文件 sig1.txt 中，该文件中第一列是序号，第二列是采样时间，第三列是数据值。画出信号数据波形，并计算自相关函数。

代码	注释
`clear all;`	清除所有变量
`N=10240;`	定义信号的总采样点数 N 为 10 240
`fs=1024;`	采样频率 fs 为 1 024 Hz
`t=0:N-1;`	创建一个从 0 到 N-1 的时间索引向量
`t=t/fs;`	将时间索引向量转换为秒，即每个元素代表的时间点
`FID = fopen('sig1.txt','r');`	以只读模式打开名为'sig1.txt'的文件，并将文件标识符存储在 FID 中
`A=fscanf(FID,'%f');`	使用 fscanf 函数从文件 FID 中读取浮点数，并将读取的数据存储在数组 A 中

`fclose(FID);`	关闭文件 FID，释放相关资源
`ch1=zeros(N,1);`	初始化一个长度为 N,元素全为 0 的列向量 ch1，用于存储提取的通道数据

`for i=1:N`
`    j=i-1;`
`    ch1(i)=A(j*3+3);`
`end`
	提取第 3 列的数据，存储在 ch1 中

`subplot(211);`	创建一个 2 行 1 列的子图，并激活第一个子图用于绘图
`plot(t(1:256),ch1(1:256));`	绘制时间向量 t 的前 256 个点和 ch1 向量的前 256 个点的关系图
`axis([0,0.25,-4,4]);`	设置坐标轴的范围，x 轴从 0 到 0.25（s），y 轴从-4 到 4
`xlabel('时间 t/s'); ylabel('幅值');`	标注 x 轴和 y 轴的标签
`Mlag=800;`	定义自相关函数的滞后点数 Mlag 为 800
`rx=xcorr(ch1,Mlag,'unbiased');`	计算 ch1 的自相关函数，使用'unbiased'选项进行归一化 注意，xcorr 函数返回的自相关函数长度是 2*Mlag+1，中心点在索引 Mlag+1 处
`nrx=-Mlag:Mlag;`	创建一个从-Mlag 到 Mlag 的向量，用于表示自相关函数的滞后时间
`nrx=nrx/fs;`	将滞后时间向量转换为秒
`subplot(212);`	激活第二个子图用于绘图
`plot(nrx,rx);`	绘制自相关函数，x 轴为滞后时间（s），y 轴为自相关值
`xlabel('时间 t/s'); ylabel('自相关');`	标注 x 轴和 y 轴的标签
`grid on;`	打开网格线

代码运行后输出如图 3-2 所示。

从输出图形可以看出，信号表现出随机性的特征，但是实际是周期信号，周期约为 0.5 s。自相关函数用来检测信号隐含的周期性，关于相关函数的定义性质详见教材[12]6.6 节。

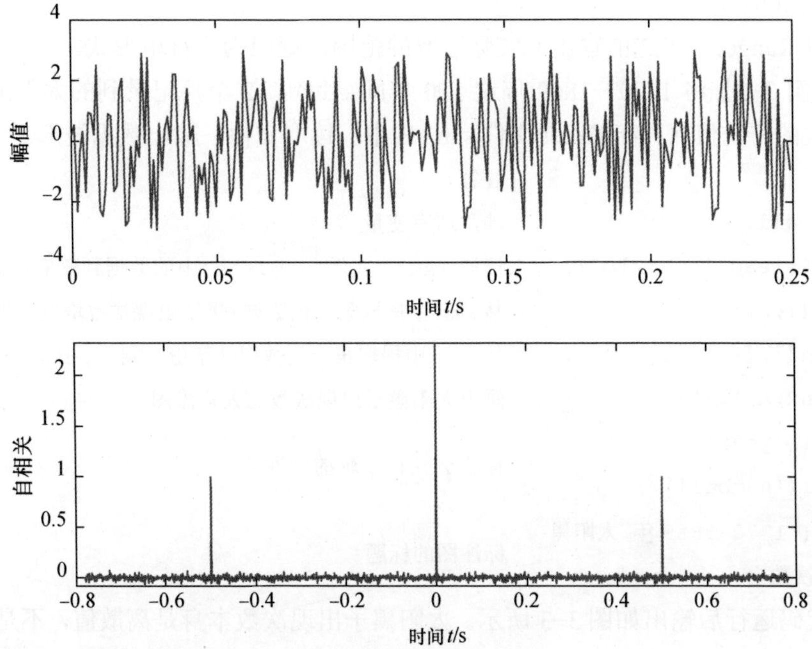

图 3-2　例 3-2 的运行结果

3.4.4　Excel 文件的读取

在 MATLAB 中，xlsread 函数用于从 Excel 文件中读取数据。该函数可以读取存储在.xls 或.xlsx 格式文件中的数值和文本数据，基本用法为

```
[num, txt, raw] = xlsread(filename);
[num, txt, raw, xlsRange] = xlsread(filename, sheet, range);
```

其中，

filename：要读取的 Excel 文件的名称（包括路径，如果文件不在当前工作目录中）。

sheet：（可选）要读取的工作表名称或索引号（默认为第一个工作表）。

range：（可选）要读取的数据范围（如'A1:C3'），可以是字符串形式的单元格范围或 Excel 的范围对象。

num：读取的数值数据，存储在数组中。

txt：读取的文本数据（如果有的话），也存储在数组中。如果工作表中没有文本数据，则 txt 为空。

raw：包含 Excel 文件中原始数据的单元格数组（包括数值、文本、公式等），类型为 cell。

xlsRange：（可选的输出）实际读取的范围，返回为字符串形式。

【例 3-3】将 1770—1869 年这 100 年间，每年 12 个月记录到的太阳黑子出现次数的平均值保存在 Excel 文件 sun.xls 中。读取文件，输出数据波形。

代码	注释
`clear all;`	清除所有变量
`sun=xlsread('sun.xls');`	读取 Excel 文件'sun.xls'中的数据到变量 sun 中
`A=sun(:,2);`	从 sun 中提取第二列数据（黑子出现次数均值）到矩阵 A
`nx=sun(:,1);`	从 sun 中提取第一列数据（年份）到 nx 中
`stem(nx,A,'.');`	画出太阳黑子出现次数的火柴棒图
`xlabel('year');` `ylabel('number') ;`	标注 x 轴和 y 轴的标签
`title('1770-1869年 太阳黑子出现次数');`	标注图的标题

代码运行后输出如图 3-3 所示。太阳黑子出现次数本身是离散值，不是连续函数抽样得到的，这里为强调“离散”，采用 stem 绘制火柴棒图。需要指出的是，计算机处理信号（MATLAB 或任何其他软件）只能处理离散信号。但是如果信号本来是连续信号，抽样后得到离散信号，通常用 plot 绘制折线图，这样信号看起来是连续的。

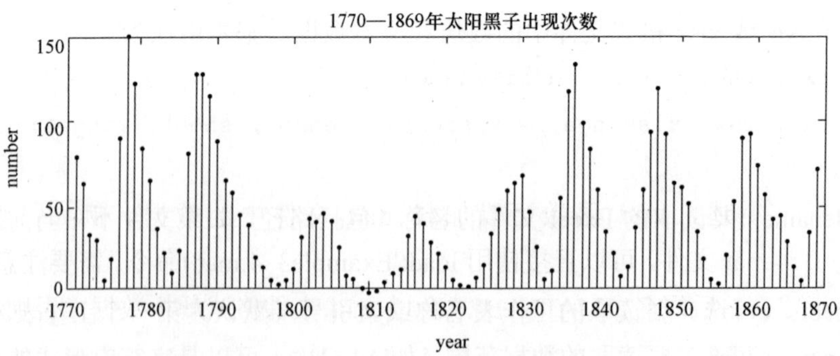

图 3-3　例 3-3 的运行结果

3.4.5　控制文件指针函数

在 MATLAB 中，每一次打开文件，都会保存一个文件位置指针，由它决定下一次读取或写入数据的位置。例如，刚刚介绍了 fopen 函数，打开模式选项中的'w'和'a'分别代表“从头写”和“追加写”，原理就是控制文件指针的位置，前者在文件开头，后者在文件结尾。在控制文件指针函数中，fseek 函数最常用，该函数用于控制文件指针的位置，调用方式如下

```
status = fseek(fid, offset, origin);
```

表示设置文件指针相对于 origin 的 offset 字节数。在使用 fseek 函数之前，必须通过 fopen 函数获取文件的 fid 值。offset 为整数变量，表示相对于指定位置的偏移字节数，为正数时向文件结尾偏移，为负数时则向文件开头偏移；origin 表示文件中的参考位置，可以取表 3-12 中的值。当操作成功时，status 返回 0，否则返回-1。

表 3-12　参考位置参数说明

参考位置	含义
'bof'或-1	文件开头
'cof'或 0	文件当前位置
'eof'或 1	文件末尾

3.4.6　mat 文件数据的读取和写入

除了上述基本的数据文件外，MATLAB 还使用了一种特有的二进制数据文件，称作 mat 文件。mat 文件可以包含一个或者多个 MATLAB 变量。在这种文件中，不仅保存各变量数据本身，而且同时保存变量名及数据类型。在 MATLAB 中载入某个 mat 文件后，可以在当前 MATLAB 工作空间完全再现当初保存该文件时的变量。

1. load 函数的使用

如前文所述，load 函数可以加载 mat 文件中的数据。例如，要读取 Example3_4.mat 文件，可以直接使用 load('Example3_4.mat')命令。需要注意的是，必须要指定文件后缀名，MATLAB 才会以 mat 文件格式解析数据，否则将以文本格式读取数据。

load 函数不仅可以一次性读取 mat 文件中的所有数据，还可以指定文件中的某些变量，只需要在文件名后面列出想要读取的变量名称就可以了。例如，load('Example3_4.mat','x')，读取文件中的 x 变量。变量名也可以使用通配符。例如，load('Example3_4.mat','x*')，表示一次性读取文件中所有以 x 开头的变量。

load 函数除了上述的调用方式，还有一种形式。使用这种方式调用时，文件

名必须为字符串格式。例如，要导入 Example3_5.mat 文件中的数据，可以使用命令 s=load('Example3_5.mat')，这时变量 s 为结构体，可以通过“s.变量”的方式调用其中的变量。

2. save 函数的使用

save 函数的功能是将当前 MATLAB 工作空间的一个或多个变量导入到外部文件。默认条件下，save 函数以 mat 文件格式进行保存。若在命令行中直接调用该函数，不加任何变量名，也就是“save filename”，执行的结果是将 MATLAB 工作空间的所有变量保存到一个名为 filename.mat 的二进制文件中。当然也可以带上变量名参数，意思是保存指定的变量。例如，“save filename variables”就是将 variables 指定的变量保存到 filename.mat 文件中。这里 variables 可以是一个或多个变量名，如为多个变量，用空格进行分隔。

【例 3–4】 下面给出一个绘制小波变换的三维图和等高线图的例子，代码如下：

代码	注释
`load Ins_PRWB.mat;`	从文件中读取已经计算完毕的相应数据
`load f.mat;`	
`figure();`	创造一个新的图形窗口
`mesh(f,f,abs(Ins_PRWB(:,:,200)));`	绘制三维网格图，其中，f 代表频率轴，用于定义网格的坐标；abs(Ins_PRWB(:,:,200)) 为一个三维数组，是瞬时小波双谱的计算结果，这里取第三维的第 200 个切片的绝对值作为网格图的高度数据
`xlim([0,500]); ylim([0,500]);`	设定 x 和 y 轴的范围为 0~500
`colormap(jet);`	设置颜色映射，这里为 jet 色彩，由蓝色转红色渐变，用于表示数据的不同数值范围
`figure();`	
`contour(f,f,abs(Ins_PRWB(:,:,200)));`	绘制等高线图
`xlim([0,500]); ylim([0,500]);`	
`grid on;`	在等高线图上显示网格线
`colormap(jet);`	

代码运行后输出如图 3–4 所示。

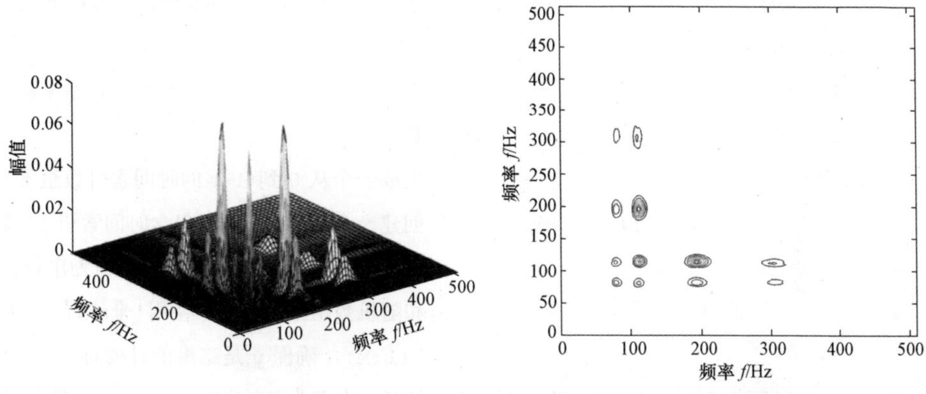

(a) 三维图　　(b) 等高线图

图 3-4　例 3-4 运行结果（瞬时小波双谱）

3.4.7　格式化数据写入

在 MATLAB 中，fprintf 函数被广泛应用于将格式化的数据写入文件，用法如下

```
fprintf(formatSpec, A1, A2, ..., An);
fprintf(fileID, formatSpec, A1, A2, ..., An);
```

其中，

formatSpec：格式说明符，定义了后续参数如何被格式化和插入到输出字符串中。此说明符可以包含普通字符（如字母、数字或标点符号），以及格式转换符（如%d、%f 等），这些转换符会被相应参数的值所替代。

A1, A2, ..., An：需要被格式化和输出的数据。

fileID：（可选）指定一个文件标识符，该标识符由 fopen 函数返回，并指向一个已打开的文件。若提供此参数，则输出会被写入到该文件，而非命令窗口。

【例 3–5】本例实现对一个名为“frandom.txt”的文件的创建和文本的写入功能。

代码	注释
`clear all;`	消除所有变量
`N = 409600;`	定义随机数据序列的总长度 N
`M = 249856;`	定义需要处理或输出的数据段长度 M
`u = rand(1, N);`	生成一个长度为 N 的随机数组 u
`u = u - mean(u);`	从 u 中移除均值，使数据居中

`u = u / 1000;`	将 u 的尺度缩小 1 000 倍，进行标准化处理
`fs = 102.4;`	定义采样频率 fs，单位为 Hz（每秒采样次数）
`t = 0:M-1;`	生成一个从 0 到 M-1 的时间索引数组 t
`y = [t; t/fs; u(1:M)'];`	创建一个新的数组 y，包含时间索引 t（以样本为单位）、时间 t/fs（以秒为单位）和随机数组 u(1:M)。使用'来转置 u(1:M)，确保 y 是二维的且列对应
`fid = fopen('frandom.txt', 'wt');`	打开一个名为 frandom.txt 的文件，以写入文本模式（'wt'）
`fprintf(fid,'%f  %10.6f  %12.8f\n', y');`	尝试将数组 y 的内容写入文件
`fclose(fid);`	关闭文件

第2篇　实　验　篇

第 4 章

电压电流信号

发电、传输电能、使用电能中需要测量电气设备的电压、电流、电功率等以监测设备的运行状况和计算电能消耗。机械制造、工业控制过程中也需要测量某些电量以保证产品的质量和性能。特高压电网电压高达 1 000 kV 以上，电流可达数千安培。即使人们日常使用的电压电器，如有效值 220 V 的市电，也远高于数据采集器的电压输入范围（典型值±5 V）。因此，安全准确测量电流电压，必须使用变压器实现测量系统对电的隔离。下面介绍测量用变压器即互感器的原理和使用方法。

4.1 互 感 器

互感器是按比例变换电压或电流的设备，从基本结构和工作原理来说，互感器就是一种测量变压器，其功能主要是将高电压或大电流按比例变换成标准低电压（100 V）或标准小电流（5 A 或 1 A），以便实现测量仪表、保护设备及自动控制设备的标准化；同时将二次设备与一次高压设备在电气方面较好隔离，保证人身和设备的安全[13]。

从功能上来说，互感器可以分为电压互感器和电流互感器。

1. 电压互感器

电压互感器能够利用电磁感应原理实现同频率电压信号的变换，在原理结构上可以视为一种容量小、体积小、电压比大的降压变压器。电压互感器有两个绕组，分别称为一次绕组和二次绕组。电压互感器运行时，一次绕组匝数（N_1）较多，并联接在电源线路上，一次电压 U_1 通过一次绕组时，产生按比例减小的二次电压 U_2；二次绕组匝数（N_2）较少，并联接仪表等二次设备（PW）。电压互感器结构原理如图 4–1 所示。

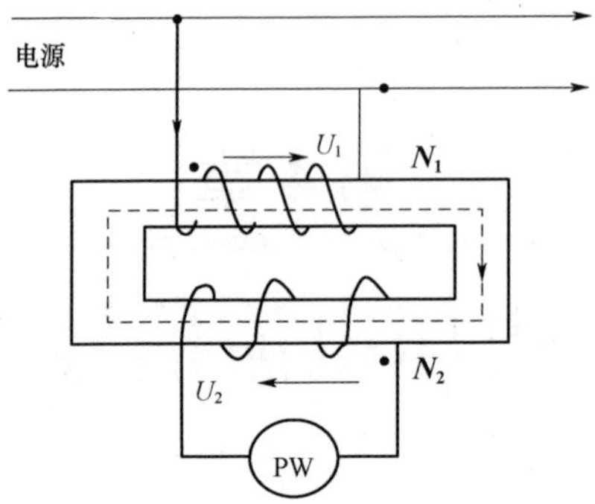

图 4–1　电压互感器结构原理图

根据磁动势平衡原理，可以通过匝数比实现电压的变换，即得到电压互感器额定电压比：$\dfrac{U_1}{U_2}=\dfrac{N_1}{N_2}$。电压互感器二次侧所接的负荷一般是测量仪表和继电器的电压线圈，阻抗很大。因此，电压互感器二次侧应当接近于开路状态。

2. 电流互感器

电流互感器也称变流器或变压器，是一种专门用于将大电流转换成标准小电流的设备，广泛应用于测量仪表和继电器的电流线圈供电。从结构上看，电流互感器又可分为普通电流互感器和穿心式电流互感器。

普通电流互感器的结构较为简单，由相互绝缘的一次绕组、二次绕组、铁心、构架、壳体、接线端子等组成。工作原理与变压器基本相同，一次绕组匝数（N_1）较少，直接串联于电源线路中，一次负荷电流 I_1 通过一次绕组时，交变磁通感应产生按比例减小的二次电流 I_2；二次绕组匝数（N_2）较多，与仪表、继电器、变送器等电流线圈的二次负荷（Z）串联形成闭合回路。普通电流互感器结构原理图如图 4–2 所示。

根据能量守恒定律，一次绕组与二次绕组有相等的功率，即 $I_1\times N_1=I_2\times N_2$。由此可见，电流互感器额定电流比：$\dfrac{I_1}{I_2}=\dfrac{N_2}{N_1}$。电流互感器二次绕组所接仪表的电流线圈阻抗很小，所以正常情况下，电流互感器在近于短路的状态下运行，相当于一个短路运行的变压器。与电压互感器不同，电流互感器运行中允许二次侧短路，但不允许二次侧开路（即空载）。

穿心式电流互感器本身结构不设一次绕组，载流（负荷电流）导线由 L_1 至 L_2 穿过由硅钢片擀卷制成的圆形（或其他形状）铁心，起一次绕组作用。二次绕组直接均匀地缠绕在圆形铁心上，与仪表、继电器、变送器等电流线圈的二次负荷串联，形成闭合回路。穿心式电流互感器结构原理图如图 4–3 所示。

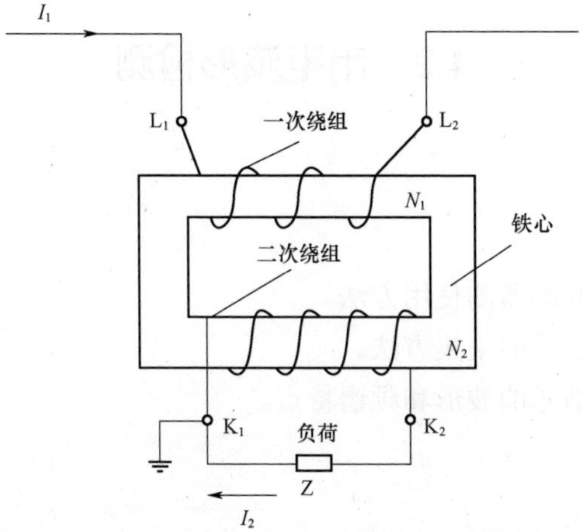

图 4-2　普通电流互感器结构原理图

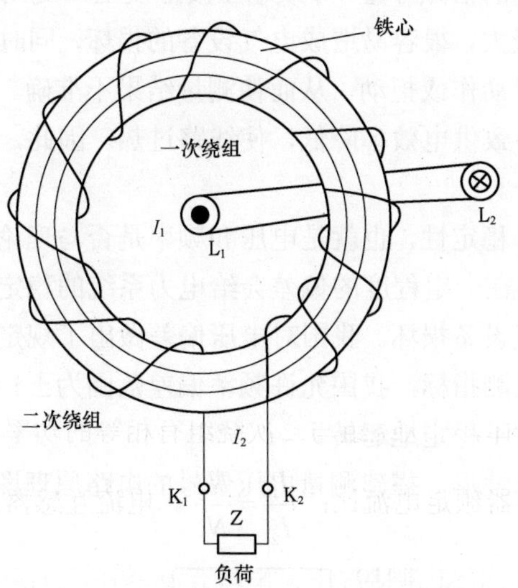

图 4-3　穿心式电流互感器结构原理图

由于穿心式电流互感器不设一次绕组，其变比根据一次绕组穿过互感器铁心中的匝数确定。穿心匝数越多，变比越小；反之，穿心匝数越少，变比越大。额定电流比为$\frac{I_1}{n}$。其中，I_1为穿心一匝时一次额定电流；n为穿心匝数。

4.2 市电波形检测

4.2.1 实验目的

（1）掌握电压互感器的使用方法。

（2）掌握市电信号的采集方法。

（3）掌握市电信号的波形和频谱特点。

4.2.2 实验原理

理想状态下，我国公用电网用有效值为 220 V、频率为 50 Hz 的标准正弦波形的电压信号对用户进行供电。然而由于各种非线性负荷（如变频器、电弧炉等设备）接入电力系统，从而产生电网谐波，即除了电网基波频率分量外，还含有一系列电网基波频率的倍频分量，导致电压波形发生畸变，偏离理想的正弦波形。

谐波现象危害极大，很容易造成电气设备的损坏，同时也会造成继电设备和自动保护装置产生误动作或拒动，从而使测量结果不准确。此外，还会引起元件的额外谐波损耗，导致供电效率降低，使线路过热。因此，电网谐波是电力部门重点检测的指标之一。

电能的可靠性和稳定性，也就是电压和频率是否与理论值一致，是另一个检测重点。电网电压存在一定程度的偏差会给电力系统的稳定带来各种问题，电压偏差过大会导致电气设备损坏。我国对电压偏差做出了规定，不能超过 10%。频率偏差也是重要的检测指标，我国允许频率偏差范围为±1 Hz，从而保证电气设备可以在预定的条件下稳定地运转。

为了检测市电的波形，搭建测量电压信号的电路原理图如 4-4 所示。

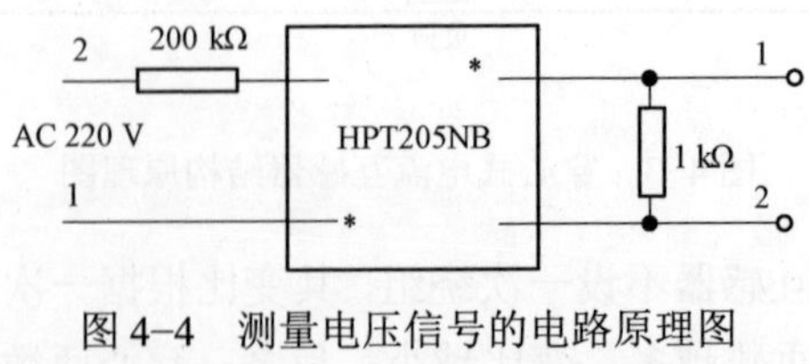

图 4-4 测量电压信号的电路原理图

电压互感器原边接 200 kΩ限流电阻，副边接 1 kΩ取样电阻（负载电阻）；数据采集器采集取样电阻两端的电压信号。电压互感器型号为 HPT205NB，一次绕

组和二次绕组的匝数比为 $N_1:N_2=1:1$，原边电压与副边电压之间的关系为

$$原边电压（V）=[副边电压（V）/1\ k\Omega]\times 200\ k\Omega$$

当电压互感器原边接入 220 V 交流电时，原边电流和副边电流都是 1.1 mA。经取样电阻，转换为有效值 V_{rms}=1.1 V 电压信号。假定市电信号为纯正弦信号，那么采样电阻两端电压变化范围为−0.778～+0.778 V，在数据采集器模拟信号量程之内。

HPT205NB 型电压互感器[14]精度为 0.1%，线性度为 0.1%，其他参数见表 4−1。

表 4−1　HPT205NB 型电压互感器主要参数

指标参数	HPT205NB（测量型）
额定输入电流/mA	2
额定输出电流/mA	2
最大输入电流/mA	10
最大输出电流/mA	10
额定点相位差	＜12′（未经过补偿） ＜5′（经过补偿后）
精度等级/%	0.1
隔离耐压/（V/min）	4 000
温度系数/（10^{-6}/℃）	30
副边内阻/Ω	180（1±15%）
工作温度/℃	−35～+60
储存温度/℃	−50～+65
重量/g	约 15
使用频率范围/kHz	0.02～10
负载电阻/Ω	≤880（4 mA 时）
短时热电流/mA	20（＜1 s）
外壳材料	阻燃 ABS

需要指出的是，表 4−1 中最大负载电阻 880 Ω，是在 4 mA 电流工况下。该实验电路电流小于 2 mA，因此使用 1 kΩ的负载电阻（取样电阻）符合要求。

4.2.3　实验任务

1. 数据采集

为了使用方便和安全，将电压互感器、限流电阻、取样电阻装入一个绝缘塑

料盒。一端的航空插头接电压互感器原边，可通过表笔接入市电信号；另一端航空插头接副边，将取样电阻两端电压引出，通过 BNC 插头接入数据采集器模拟信号输入端子。市电信号采集如图 4–5 所示。

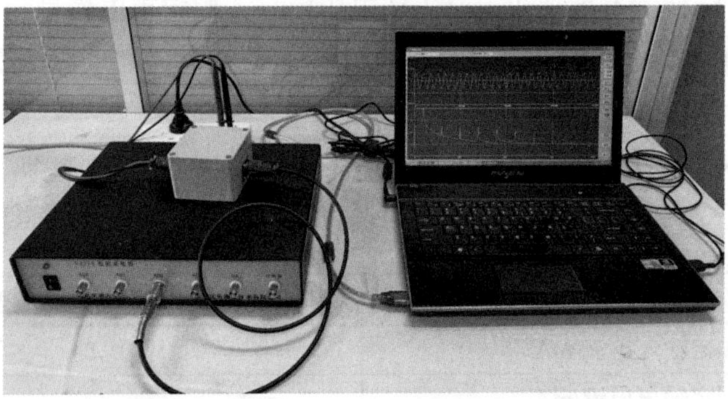

图 4–5　市电信号采集

连接就绪，启动数据采集器。采样频率设置为 1 kHz，手动设置程控增益放大×2。数据采集器工作界面如图 4–6 所示，上半部分显示采集的市电电压波形，下半部分显示市电电压信号频谱。从中可以看出，市电信号不是纯正弦信号，存在明显的奇次谐波分量（3 次、5 次、7 次、9 次），对应 150 Hz、250 Hz、350 Hz、450 Hz。

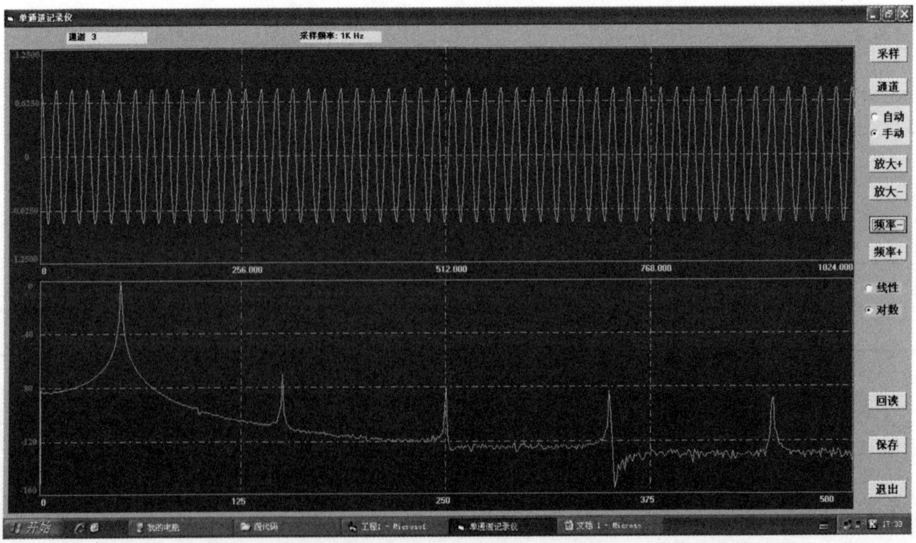

图 4–6　数据采集器工作界面

将采集的市电电压信号保存到数据文件 sddy.dat 中，做进一步分析。

2. 信号分析

使用 MATLAB 分析市电电压的波形和频谱。

（1）将市电信号存储在二进制文件 sddy.dat 中，编程读取实测电压信号，参考代码如下：

代码	注释
`f_id=fopen('sddy.dat','r');`	使用 fopen 函数以只读的方式打开文件
`x=fread(f_id,40960,'int16');`	读取文件中的所有数据，精度为 16 位
`fclose(f_id);`	关闭文件
`x=x/65536*10/2;`	转换为电压值
`x=x*200;`	获取实际电压信号
`ndraw=512;N=40960;fs=1000;`	设置绘图点数、数据总点数和采样频率
`t=[0:ndraw-1];t=t/fs;`	各数据点采样时间
`plot(t,x(1:ndraw));`	画出电压波形
`xlabel('时间t/s'),ylabel('电压u/V');`	设置横纵坐标轴标注

市电信号波形如图 4-7 所示。

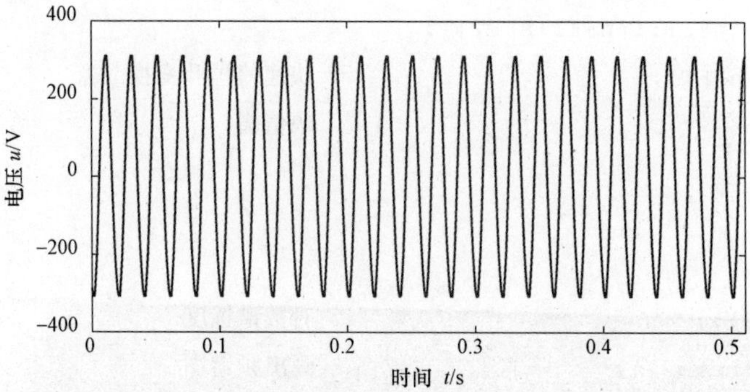

图 4-7　市电信号波形

长度为 N 的离散信号 $x(n)$ 有效值的计算公式为

$$\mathrm{rms}=\sqrt{\frac{1}{N}\sum_{i=1}^{N}\left[x(i)\right]^{2}} \tag{4-1}$$

编写 MATLAB 程序，计算电压信号有效值：

代码	注释

`rms=0;`
`for j=1:N`
`  rms=rms+x(j)* x(j);`
`end`
`rms=sqrt(rms/N);`
	根据式(4-1)计算有效值

结果为 222.418 0（V）。

也可以调用 MATLAB 函数 std 计算有效值：

代码	注释
`stdx=std(x);`	调用 MATLAB 函数 std 计算有效值

结果为 222.416 9（V）。

两种方法结果十分接近，验证了市电信号采集分析实验的准确性。

（2）画出市电信号的频谱图。为了抑制噪声，采用 10 次平均，参考代码如下：

代码	注释
`nFFT=1024;f=fs/nFFT*(0:ndraw-1);`	设置 FFT 点数和频率轴
`Y=zeros(nFFT,1);`	生成 nFFT 行的全零向量
`for i=0:9`	10 次平均求频谱
`  sh=x([1+i*nFFT:i*nFFT+nFFT]);`	
`  X=fft(sh,nFFT);`	快速傅里叶变换
`  X=abs(X);`	幅值谱
`  Y=Y+X;`	
`end`	
`Y=Y/10;`	
`Y=20*log10(Y);`	对数谱标度
`plot(f,Y(1:ndraw));`	画出频谱图
`xlabel('频率 f/Hz'),ylabel('归一化幅值');`	设置横纵坐标轴标注

采集到的市电信号的频谱如图 4-8 所示。市电信号为周期信号，对应频谱为离散谱，频谱特点表现为离散性、谐波性和收敛性。可以看出，在市电信号中除了包含 50 Hz 的基频外，在基波频率的奇次整数倍频率 150 Hz、250 Hz、350 Hz、450 Hz 存在明显的谐波分量。市电信号受到奇次谐波“污染”，这是因为在平衡的三相系统中，由于对称关系，偶次谐波被抵消，从而导致偶次谐波不显著，而将奇次谐波突出出来。

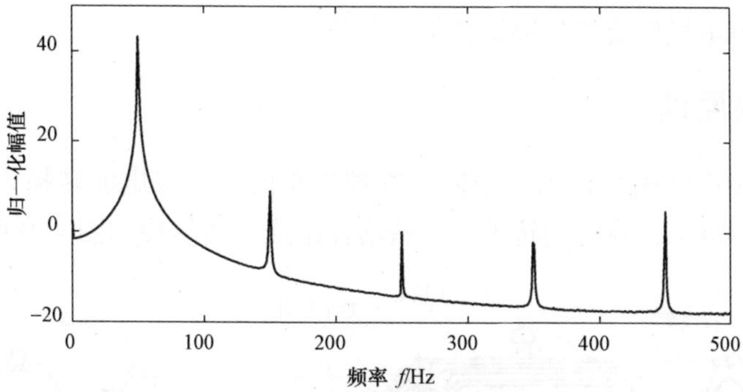

图 4-8　市电信号频谱

4.2.4　拓展提高

1. 市电电压信号频谱的频率分辨率是多少？

【参考答案】

频率分辨率通过前文式（2-3）给出的公式计算

$$\Delta f = f_s / N$$

降低采样频率或增加 FFT 点数，可以提高频率分辨率。增加 FFT 点数，会使计算量增加；对保存在计算机磁盘的数据重新抽样，可以降低采样频率。选择不同采样频率和 FFT 点数，做频谱分析，验证这两个参数对频率分辨率的影响。学习如何选择采样频率和 FFT 点数这两个重要参数。

2. 如何准确测量主频及各次谐波分量的频率？

【参考答案】

基于 FFT 的频谱分析，频率、幅值和相位均可能产生较大误差。频率最大误差可达$\pm 0.5\Delta f$。频谱校正可有效提高频谱估计的精度。

4.3　电机电流信号检测

4.3.1　实验目的

（1）理解电流互感器的原理。

（2）掌握电机电流信号的采集方法。

（3）会用 MATLAB 分析电机电流信号。

（4）了解电机电流信号频谱特征。

4.3.2 实验原理

三相异步电动机是根据电磁感应原理工作的，是将电能转换为机械能的设备，由静止的定子、旋转的转子及一些附件组成，其结构如图 4–9 所示。

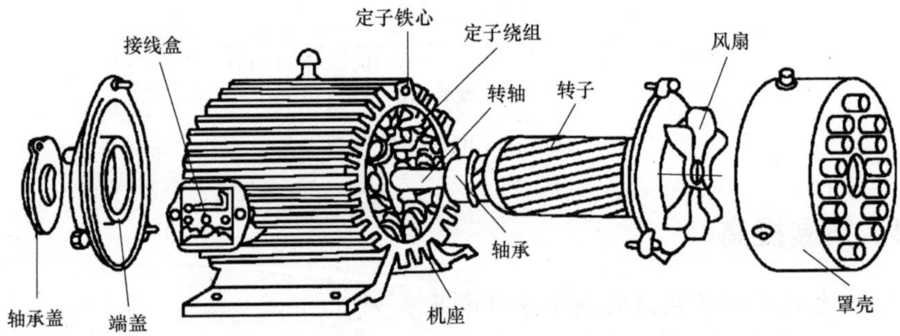

图 4–9 三相异步电动机结构

定子部分由三相对称绕组组成，并按照一定的规则嵌入在定子铁心槽内。三相绕组共 6 个出线端，接到机座的接线盒中，可将其接成星形或三角形。转子部分由转子铁心、转子绕组和转轴组成，其作用是输出机械转矩。

当空间彼此相差 120° 的三个相同的定子绕组通入对称的三相交流电时，就会产生一个旋转磁场，这个旋转磁场的旋转速度与电流的变化是同步的，其方向则取决于通入绕组中电流的相序。如果将三根导线中的任意两根对调位置，旋转磁场反转。当绕组的始端之间相差 120° 空间角时，每相绕组只有一个线圈，则产生的旋转磁场具有一对磁极，即 $p=1$（p 为磁极对数）。如将定子绕组安排成每相有两个线圈串联，绕组的始端之间相差 60° 空间角，则产生的旋转磁场具有两对磁极，即 $p=2$。

旋转磁场旋转时，其磁通切割转子绕组，使转子绕组上产生感应电流。当转子中有电流后，旋转磁场与感应电流相互作用产生电磁力矩，从而使转子沿着磁场方向转动。由楞次定律和左手定则可以判定，转子转动方向与磁场转动方向相同，且转子的转速 n 略低于旋转磁场的转速 n_0，即 $n<n_0$。因为，如果两者相等，则转子与旋转磁场就没有相对运动，电机就不会运转，这就是三相异步电动机的工作原理。

为了电机控制和安全保护，大型电机在运行过程中需要监测三相供电中任意两相的电流。通过检测电机的定子电流，可以判断电机是否过载，一旦有异常情况，可以及时切断电源，从而保护电机和控制器不受损坏。此外，监测电机定子电流还可以用于实现精确的速度和位置控制。电机电流蕴含着传动系统运行状况的丰富信息，利用电机电流信号分析进行工况监测和故障诊断，不需要增加额外的传感器，具有容易实施和经济性好的特点，是当前的研究热点[15]。

4.3.3　实验任务

1. 实验设备

实验电机型号为 YX3−90S−2 型三相异步电动机，主要参数见表 4−2。变频器将 220 V 单相交流电转换为三相电，驱动实验电机旋转，齿轮箱减速后，驱动轴转动。在电机三相供电中的两相安装 HCT206NB 型电流互感器，主要参数见表 4−3。将电流互感器的引线引出，接 300 Ω的取样电阻转化为电压值，接到数据采集器的模拟量输入端子。电机定子电流信号分析的实验装置如图 4−10 所示。

表 4−2　YX3−90S−2 型三相异步电动机的主要参数

参数指标	YX3−90S−2
额定电流/A	3.3
额定电压/V	380
额定功率/kW	1.5
额定供电频率/Hz	50
额定转速/（r/min）	2 865
磁极对数	2
效率	81.3%
定子绕组接法	Y 形
前/后端轴承	6205/C3
绝缘等级	F

表 4−3　HCT206NB 型电流互感器的主要参数

参数指标	HCT206NB（测量型）
额定输入电流/A	0～5
额定输出电流/mA	0～2.5
最大输入电流/A	20（常通）
最大输出电流/mA	10

续表

参数指标	HCT206NB（测量型）
额定点相位差	＜12′（未经过补偿） ＜5′（经过补偿后）
精度等级	0.1 级
隔离耐压/（V/min）	5 000
温度系数/（10^{-6}/℃）	50
工作温度/℃	−35～+60
储存温度/℃	−50～+65
副边内阻/Ω	225（1±15%）
重量/g	约 11
使用频率范围/kHz	0.02～10
负载电阻/Ω	＜350（20 A 时）
短时热电流/A	50（输入线径能承受 3 s）
外壳材料	阻燃 ABS

图 4-10　电机定子电流信号分析的实验装置

HCT206NB 型电流互感器电流变比为 2 000:1（5 A:2.5 mA），取样电阻为 300 Ω。容易得到电机电流与采集到的电压之间的关系为

$$电机电流（A）=[输出电压（V）/300（\Omega）]\times 2\,000$$

2. 信号分析

采集实验电机定子电流信号，保存成数据文件。使用 MATLAB 分析电机电流信号的波形和频谱。

将采集好的数据保存在 mc.dat 文件中，采样频率为 2 000 Hz，程控增益放大 ×4，共采集 40 960 个点。

使用 MATLAB 分析信号参考程序如下，电机电流信号波形如图 4-11 所示。

代码　　　　　　　　　　　　　　　　　注释

```
ndraw=1024;fs=2000;nFFT=2048;
f_id=fopen('mc.dat','r');
x=fread(f_id,40960,'int16');
fclose(f_id);
x=x/65536*10;                          转换成电压信号
x=x/4;                                 放大前的电压(4 倍增益放大)
x=x/300;                               转换为电流(取样电阻 300 Ω)
x=x*2000;                              电机电流(电流变比 2 000:1)
plot(t(1:nFFT/4),x(1:nFFT/4));         画出电机电流信号波形
```

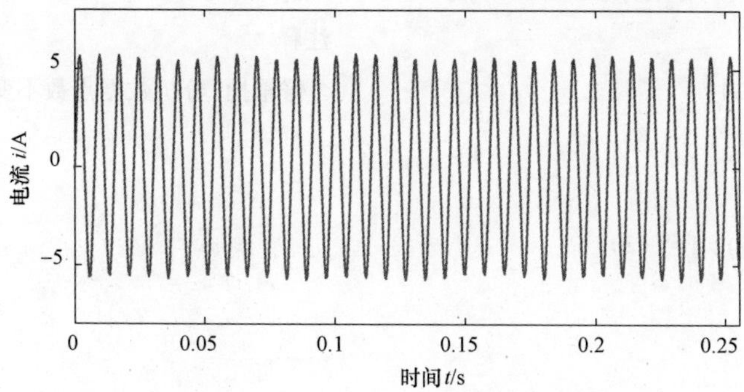

图 4-11　电机电流信号波形

计算电机电流信号频谱参考程序如下，电机电流信号频谱如图 4-12 所示。

代码　　　　　　　　　　　　　　　　　注释

```
Y=zeros(nFFT,1);
for i=0:9
    X=fft(sh,nFFT);
    X=abs(X);
    Y=Y+X;
end
Y=Y/10;
Y=20*log10(Y);
plot(f,Y(1:ndraw));
grid on;
```

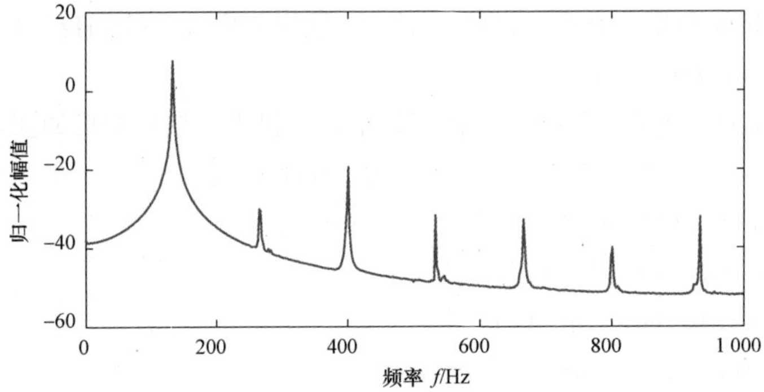

图 4-12　电机电流信号频谱

电机电流是周期信号，其频谱特征表现为：离散性、谐波性、收敛性。

前文分析已经指出：频率分辨率非常重要。下面用对数据重新抽样的方法，降低采样频率，提高频率分辨率。观察频率分辨率提高后，电机电流信号的频谱，参考程序如下，结果如图 4-13 所示。

代码	注释
`xx=zeros(N,1);`	2 倍重抽，分析数据点数不变

```
j=1;
for i=1:N
  xx(i)=x1(j);j=j+2;
  if j>N
    j=j-N+1;
  end
end
```

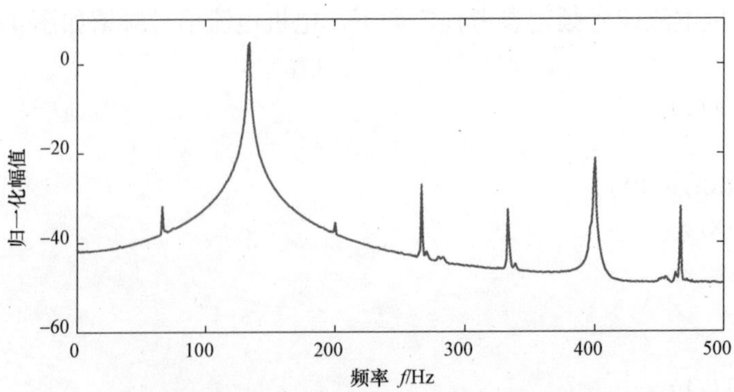

图 4-13　电机电流信号频谱（提高频率分辨率）

重新抽样后，采样频率由2 000 Hz降为1 000 Hz，频谱图上频率为0～500 Hz。由于频率分辨率提高，供电频率两侧出现微弱的谱峰，这在图 4-12 频谱图上找不到。重新抽样，降低采样频率，提高了频率分辨率。观察到供电频率两侧的边频带结构，即两个微弱的谱峰与供电频率的间隔相等。边频带的位置根据式 $f_{bp} = f_s \pm f_r$ 计算，式中：f_{bp} 是边频带频率，f_s 是电机供电频率，f_r 是电机气隙不均匀、断条、匝间短路等原因产生的故障特征频率。边频带结构是电机电流信号的重要的特征之一[15]。

电压信号与电机电流信号都是周期信号，通过时间波形难以区分。频谱描述信号能量随频率的分布，根据频谱可以看出，两者的频谱特征不同。基于傅里叶变换的频谱分析从另一个角度描述信号，联系了时间和频率，是分析信号最基本、最重要的工具。

4.3.4 拓展提高

（1）在电机不同转速下，采集电机定子电流信号，分析计算电机电流信号的频谱，观察供电频率与电机转速的关系。

（2）电机故障频率在电机电流中的映射。

第5章

声音信号

人们周围存在着各种各样的声音，总体上可分为语言声、音乐声、自然声和噪声等四大类，如人们的说话声，乐器的演奏声，林中的鸟鸣声，山涧的流水声和松涛声，机器的轰鸣声，火车、汽车、飞机等交通工具发出的噪声等。要对这些声音及相关声学现象进行测量和定量研究，必须对声音的基本特性有深入了解。

日常生活中的绝大部分声音来源于物体的振动，如说话的声音来源于喉内声带的振动，扬声器发声来源于纸盆的振动，机械噪声来源于机器部件的振动。凡是发出声音的物体都可称为声源。声源不一定是固体，液体和气体同样会由于振动而发声，如浪涛声和汽笛声就是由流体引起的。

声音是听觉系统对声波的主观反映，而声波的产生来源于声源诱发的振动在介质中的传播。因此，产生声波的必要条件是声源和介质（空气、水等）。真空中没有介质存在，因而在真空中不能传播声音。需要注意的是，声波在介质中的传播，只是介质振动状态的传播，介质本身并没有向前运动，只是在其平衡位置附近来回振动，所传播出去的是物质的运动形态，这种运动形式叫作波动。声音是机械振动状态的传播，这种传播是一种机械性质的波动，故而称为声波。

在气体、液体等理想流体介质中，声波振动传播的方向与介质质点振动方向是一致的，此类声波是纵波。描述声波最常见的基本物理量是声压，是介质受扰动后产生的逾量压强，单位是压强的单位 Pa，1 Pa=1 N/m^2。

描述声压的基本参量包括幅度、相位、频率和波长等。例如，一列纯音声波，在数学上表示为 $p = p_a \sin(\omega t + \varphi)$，其中，$p_a$ 是该声波的幅度，$\omega = 2\pi f = 2\pi / T$，$\omega$ 为角频率，f 为频率，T 为周期，φ 为相位。一个周期内声波的长度称为波长，它与频率成反比，有 $\lambda = c_0 / f$，其中，c_0 是声波传播的速度。

频率在 20 Hz～20 kHz 的声音称为音频声，也称为可听声，是具有正常听力的人能够听到的声音；频率小于 20 Hz 的声音称为次声；频率大于 20 kHz 的声音称为超声。如无特别说明，本书所指的声音皆为音频声。

5.1 声学测量

5.1.1 传声器

声学测量是声学研究的基本手段，而声波的接收是声学测量的基础和首要环节。在空气介质中，最常用的接收声波的传感器称为传声器（microphone，俗称麦克风）。传声器的振膜在声场中由于受到声波产生的力的作用而振动，然后通过某种力电换能方式将此振动转换为输出电信号。如前所述，描述声波特性最基本的物理量是声压，它是测量声强、声功率等其他参量的基础[16]。

常见的传声器有晶体式、驻极体式、动圈式和电容式数种。电容式传声器是声学测量中比较理想的传声器，具有动态范围大、频率响应平直、灵敏度高和在一般测量环境下稳定性好等优点，因而应用广泛。

电容式传声器主要由金属膜片和靠得很近的金属电极组成，实质上是一个平板电容。金属膜片与金属电极构成了平板电容的两个极板，当膜片受到声压作用时，膜片便发生变形，使两个极板之间的距离发生变化，于是改变电容量，测量电路中的电压也发生变化，实现将声压信号转变为电压信号。由于电容式传声器输出阻抗很高，因而需要通过前置放大器进行阻抗变换，前置放大器装在声级计内部靠近安装电容式传声器的部位。

5.1.2 声级计

声级计是一种按照一定的频率计权和时间计权测量声音声压级和声级的仪器。声级计是声学测量中最常用的基本仪器，可广泛用于环境噪声、机器噪声、车辆噪声及其他各种噪声的测量，也可用于电声学、建筑声学等领域的测量。声级计的种类有多种，按用途可分为一般声级计、积分声级计、脉冲声级计、频谱声级计等。

1. 基本原理

各种类型声级计的工作原理基本上是相同的，所不同的往往是附加的一些特殊性能，这些特殊性能使它们能完成不同的任务。声级计一般由传声器、放大器、衰减器、计权滤波器、检波器、指示器及电源等部分组成，其原理方框图如图 5-1 所示。

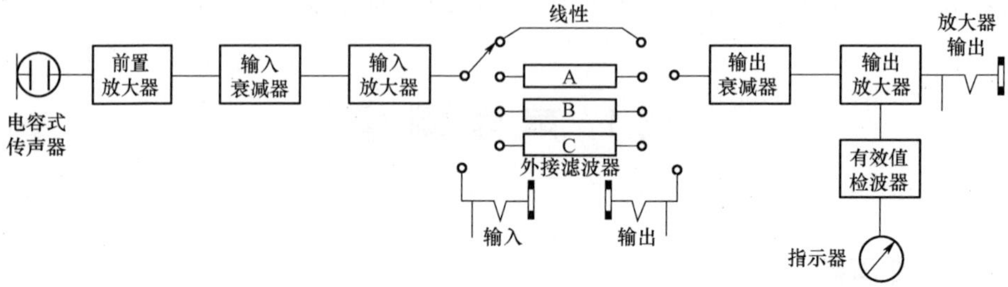

图 5-1　声级计原理方框图

被测量的声音由传声器接收，传声器将声波转换为电信号，微小的电信号经前置放大器送到输入衰减器和输入放大器。放大器将信号放大，衰减器对较大的输入信号加以衰减，使其在指示器上获得适当的指示，也使测量量程扩大。计权滤波器对通过的信号进行频率滤波，使声级计的整机频率响应符合规定的频率计权特性的要求，以便能测量计权声级。信号再经输出衰减器和输出放大器后被送到检波器检波，交流信号变成直流信号，并由显示器以“dB”指示出来。检波器还使声级计具有“快”、“慢”、“脉冲”或“保持”等时间计权（电表阻尼）特性。电源部分将交流市电或电池电压转换为供给声级计各部分所需要的电源电压。有的声级计还具有“外接滤波器”插孔，用来与其他滤波器连接进行频谱分析。“放大器输出”插孔输出交流信号，用来观察信号波形或进行测量记录与分析。

下面分别详细介绍声级计的几个主要功能模块。

2. 频率计权

声级计中的计权滤波器是一组根据一定要求进行频率滤波的电路网络。声级计的计权特性已由国际电工委员会标准化，IEC 61672《电声学 声级计》标准中规定了 A、B、C 三种频率计权特性的要求。由于 A 声级应用最广泛，因此一般声级计中都具有 A 计权特性，有的还具有 C 计权特性，B 计权特性已用得很少。有的声级计还具有 F“线性”频率响应，这时声级计对传声器输出电信号的频率特性不加改变。为了测量航空噪声，有的声级计还具有 D 计权特性，IEC 61672《电声学 声级计》标准中规定了 D 计权特性的要求。

3. 时间计权

声级计还必须有相应的时间计权特性与前边的频率计权特性配合使用，才能使测试结果在一定程度上反映人的主观感觉特性。所谓的时间计权特性，实际上就是时间平均特性。对声级计而言，其时间平均特性包括三种检波指示特性，即“快”（F）、“慢”（S）及“脉冲”（I）检波特性。

快、慢检波特性主要用于对连续波的测试，如图 5-2 所示。“快”特性的检波电路的时间常数为 125 ms，“慢”特性的检波电路的时间常数为 1 000 ms，两者测量稳定的连续声波时，一般没有差别；但由于平均时间的长短不一样，如被测量的声波有较大起伏，则用“慢”平均往往起伏比较小，亦即在其平均值附近摆动小。不过，由于平均时间长，会使峰值和谷值的测量产生误差，所以如果需要准确地了解声波涨落的峰、谷值时，则用“快”平均比较好。

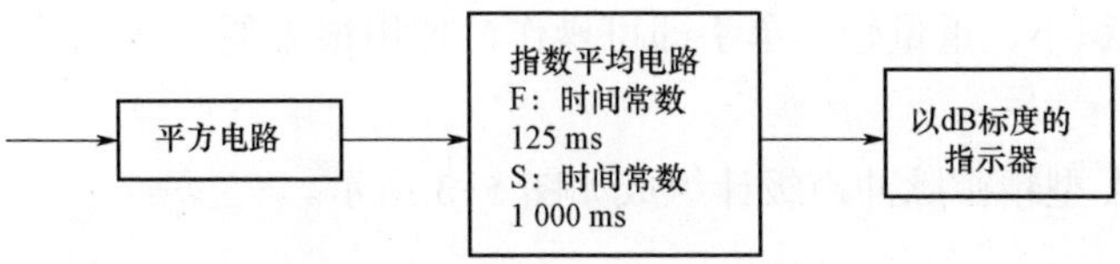

图 5-2　声级计的检波特性

4. 方向特性

理想的声级计应该对任何射入方向传来的声波具有相同的响应，才能使测试数据符合实际的声场情况。然而，由于传声器及机体本身具有一定的方向特性，使得声级计测量不同方向的入射声波时呈现出方向特性。

下面以 HS5660A 型精密脉冲声级计为例[17]，说明声级计的使用方法。

5.1.3　声级计的使用

HS5660A 型精密脉冲声级计是一种便携式声学测量仪器，由电表及液晶显示器同时读出测量结果。本书将其用于乐器声和语音的测量。

1. 性能特点

（1）传声器：HS14423E 型 1/2 英寸测试电容传声器，灵敏度约 25 mV/Pa。

（2）声级测量范围（均以 2×10^{-5} Pa 为基准）：

30～140 dB（A）

40～140 dB（C）

45～140 dB（线性）

（3）级量程设置：30～100 dB 8 个分档，动态 70 dB（在规定测量范围内，每档量程上限到+45 dB，下限到−25 dB）。

（4）参考级量程：衰减器 80 dB 档（55～125 dB）。

（5）参考声压级：94 dB。

（6）频率计权：A 计权、C 计权及 F（线性）。

（7）检波特性：真实有效值。

（8）时间计权：快 125 ms、慢 1 000 ms、脉冲 35 ms 及最大值保持。

（9）过载指示：LED 发光二极管；欠量程指示：电表指针低于刻度下限时。

（10）电源：直流 6 V，4 节 1.5 V 高能电池，连续工作大于 8 h，并设有欠压表针指示与外接直流电压输入功能。

（11）内藏 1 000 Hz 正弦波校准信号，可用来进行参考校准。

（12）设有交、直流输出端，可配合滤波器及其他设备对声信号做进一步处理分析。

（13）体积小、重量轻，单手即可操作，使用很方便。

2. 组成

HS5660A 型精密脉冲声级计组成如图 5-3 所示。

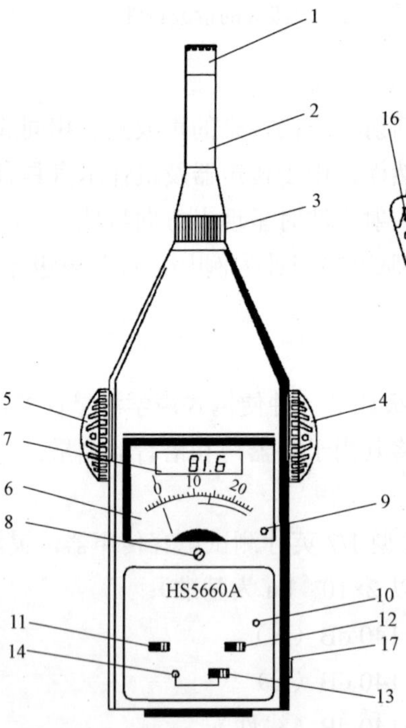

图 5-3　HS5660A 型精密脉冲声级计组成

（1）电容传声器；

（2）前置放大器；

（3）前置放大器固定螺母；

（4）功能开关，OFF（关）、BATT（电池检查）及 A、C、F（线性）频率计特性转换开关；

（5）衰减器量程开关；

（6）电表；

（7）液晶显示器；

（8）机械零点调整螺钉；

（9）OVER LOAD（过载）指示灯；

（10）保持开关；

（11）表头量程转换开关；

（12）时间计权开关：慢、快、脉冲选择转换；

（13）内接测量、校准、外接滤波器测量转换开关；

（14）灵敏度校准电位器；

（15）外接插座（滤波器连接及直流信号输出：2 脚地、5 脚信号）；

（16）交流信号输出端：红（信号）、黑（地）；

（17）外接电源插孔。

在本次实验中，声级计频率计权网络采用 A 计权。A 计权是一种基于人耳听觉特性设计的加权网络，可以理解为一个以人耳为模型的滤波器，按照等响曲线中的 A 曲线对不同频率声音信号进行特定衰减或放大，在低频和高频段有不同程度衰减，中频段衰减相对较小。因此在声音采集中使用 A 计权，能更准确反映人耳对声音的感知。乐器声信号的声压级（以 2×10^{-5} Pa 为基准）选为 86～106 dB，语音信号的声压级则为 50～60 dB。

进行声音信号采集实验时，首先打开声级计背面后盖板，按照正负极性装入 4 节 5 号干电池，合上电池盖。用专用电缆从声级计交流信号输出端引出，接入数据采集器。声级计右侧功能开关选择“A”，表头量程开关设置为“中”，时间计权设置为“快”，左侧衰减器则根据声级大小设定。然后在计算机上通过程序控制数据采集器，就能进行声音信号数据的采集与存储。采集信号时，注意避免冲击和振动，以免对信号产生干扰。

5.2　乐器声检测

从工程的角度解释，乐声就是周期信号频率随时间节奏变化的一种表述，乐谱上的每个音符表达了此时此刻规定应出现的信号频率和持续时间[18]。乐器的基本特征可以从基波频率和谐波频率两个方面来描述，下面将分别说明。

用 C、D、E、F、G、A、B 大写英文字母表示每个音的音调，分别对应音名为 do、re、mi、fa、sol、la、si。当指定某个音调时，所对应的频率为基波频率。图 5–4 为钢琴键盘和对应的频率值，并注明了每个琴键对应的音名和基波的频率值，这些频率值按“十二平均律”导出[19]。

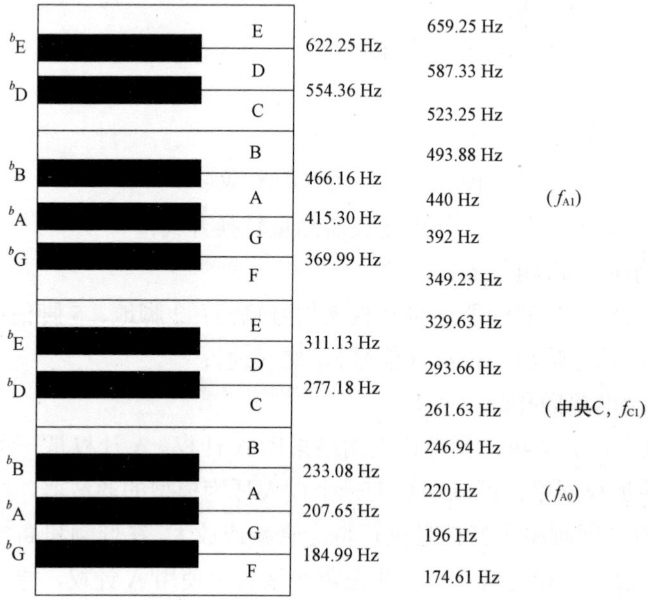

图 5–4　钢琴键盘和对应的频率值

从图 5–4 可以看出，靠下面大写字母为 A 且小写字母为 a 的键，对应的频率值为 f_{A0}=220 Hz；而靠上面的另一个 A 键，它的小写字母为 a^1，对应的频率值为 f_{A1}=440 Hz。两者为二倍频率关系，即 f_{A1} 相当于 f_{A0} 的 2 次谐波，也称为 8 度音程。

从 a 到 a^1 之间共有 12 个键，其中 7 个白键、5 个黑键，其频率值计算规律为相邻音倍乘系数 $K=2^{1/12}$。由此可以得出图 5–4 中各键值对应的频率值，例如，由 f_{A0} 导出 c^1（中央 C）的频率值为

$$f_{C1} = 220 \times 2^{3/12} = 261.63\ \text{Hz}$$

在 EF 之间和 BC 之间没有黑键，也即这两组相邻的白键之间基波频率倍乘系数为 $2^{1/12}$，也称为相隔半音；而在其他白键之间都有黑键相隔，因而它们的频率倍乘系数为 $2^{2/12}$，也称为相隔全音（如 CD、DE、FG 之间）。

除了基频声音以外，乐器还会产生一些频率较高的声音，这些声音属于谐波，在音乐领域中称谐波为“泛音”，由泛音产生的作用称为音色变化。当不同乐器确定音调后，只是指定了乐音信号的基波频率，其谐波分布情况并不确定，这是

由于弦线或空气管道之间发生的反射现象，从而生成不同的谐波。举例来说，各种乐器都可以发出 440 Hz 的乐音，但人耳会明显感觉出不同，这是由于谐波成分有所区别，频谱结构各异。各种乐器都有自己的谐波分布规律，例如，单簧管的 3 次、5 次谐波成分很强。同种乐器不同音阶的谐波构成还可能略有区别。同时，改变演奏技巧、方法，也可产生不同结构的谐波分布。因此，可以通过分析乐器声信号的频谱结构，识别不同乐器。

下面将用传声器、数据采集器和计算机作为硬件，通过开发软件，用工程的方法表示、识别不同乐器的音色。

5.2.1　实验目的

（1）了解各种乐器声的基本发声原理及其各自特点。

（2）掌握分析乐器声信号的时频域特征的方法。

（3）掌握通过乐器声信号识别乐器的能力。

5.2.2　实验原理

本实验采集小提琴、小号、单簧管和长笛的乐器声信号，开展乐器声信号检测分析实验。

乐器是人类文明的瑰宝，它承载着深厚的文化底蕴和历史记忆。自古以来，无论是东方的古筝、二胡，还是西方的小提琴、钢琴等，乐器都在不同的时代和历史文化中扮演着重要的角色[20]。例如，在中国古代，就有“高山流水遇知音”的佳话，讲述了俞伯牙与钟子期因琴声而结下的深厚友谊，体现了音乐超越语言的力量。

乐器在人们的生活中无处不在，但是大多数人对各种乐器背后的发声原理却并不熟悉。每种乐器都有其独特的构造和发声机制，这些差异决定了它们各自的音色特点和演奏方式。通过深入了解乐器的发声原理，人们不仅能欣赏音乐之美，还能增进对信号与系统相关知识的学习。

在物理学中，声音具有高低、强弱、长短及音色这四种性质。其中，音色对于乐器声音而言，是最为关键和本质的属性。人们往往最先凭借音色来区分不同乐器的演奏声，每一种乐器都有着其独特的音色。

音色，具体来说，就是不同乐器发出的声音在波形方面所展现出的与众不同的特性。这是因为不同乐器的振动方式各不相同。例如，钢琴通过琴键敲击琴弦产生振动，音色丰富而饱满；小提琴则是依靠弓弦摩擦琴弦发声，音色悠扬而细腻。不同乐器由于制作材料和结构设计的差异，发出的声音音色截然不同。弦乐器、管乐器及打击乐器，各自拥有独特的音色特点。弦乐器的音色可以是柔和的，也可以是激昂的，取决于琴弦的材质和演奏方式；管乐器的音色则可以是明亮的，或者是深沉的，这与乐器的形状、材质及吹奏方法密切相关；打击乐器的音色更是丰富多样，有的清脆响亮，有的低沉厚重。

音色的独特性使得人们在聆听音乐时，能够轻松地辨别出不同乐器的演奏。即使在同一音高和同一声音强度的情况下，依然可以凭借音色准确地判断出是哪种乐器在发声。这就如同一个色彩斑斓的调色盘，每种乐器的音色就像是一种独特的颜色，千变万化且容易被人们感知。音色的产生源于发音体的振动，这种振动由多种泛音组成。不同的泛音组合决定了特定乐器的音色。可以说，音色是乐器声音的灵魂，它赋予了音乐无尽的魅力和表现力。

音色的工程理解主要涉及声音信号的波形和频谱。在技术层面，基音相当于傅里叶变换的基波，而泛音则对应着谐波。乐器声音的处理通常会使用离散傅里叶变换等工具，通过对声音信号的分析和处理，更好地展现乐器的音色特点。

5.2.3 实验任务

1. 数据采集

本次实验所选乐器类属西洋管弦乐器，主要选取了四种乐器，分别为：小提琴、小号、单簧管、长笛。其中，小提琴属于弦乐器，小号、单簧管和长笛属于管乐器。

小提琴有四根弦，分别是 G、D、A、E 弦（见图 5−5）。弹奏小提琴需要使用琴弓来弹拨琴弦，同时要使用左手来按住琴弦在指板上创作音高。小提琴音色优美，音质纯正，音域宽广，表现力强。

小号有三个活动的阀键，用于改变音高（见图 5−6）。吹奏小号时，需要用嘴唇在小号口铜膜上吹气，产生振动，通过管道传播，最后通过振动喇叭口发出声音。小号音色明亮，同时具有锐利、高亢、清脆的特点。

图 5−5　小提琴

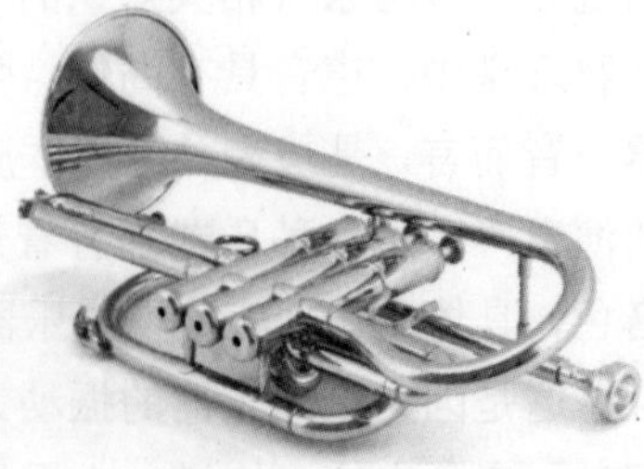

图 5−6　小号

单簧管由笛头、小筒、主体管、喇叭口及按键系统等部分组成（见图 5–7）。吹奏单簧管需要利用肺部的气息推动簧片的运动，从而产生振动，这种振动通过管身传递出去，最终产生声音。单簧管的音色具有独特的圆润感。

长笛由一条直接的管道构成，一端有一个吹孔，另一端有一个装置称之为“头管”或“音孔”（见图 5–8）。长笛的吹奏方法是通过对准吹孔吹气，使得气流在管内发生碰撞，从而发出声音，并由共鸣管产生共鸣，同时手指打开或者关闭不同的音孔，以改变音高。吹奏时的嘴型和吹气角度对长笛的音色有直接的影响。长笛的音色清晰、透彻，富有冷感。

图 5–7　单簧管

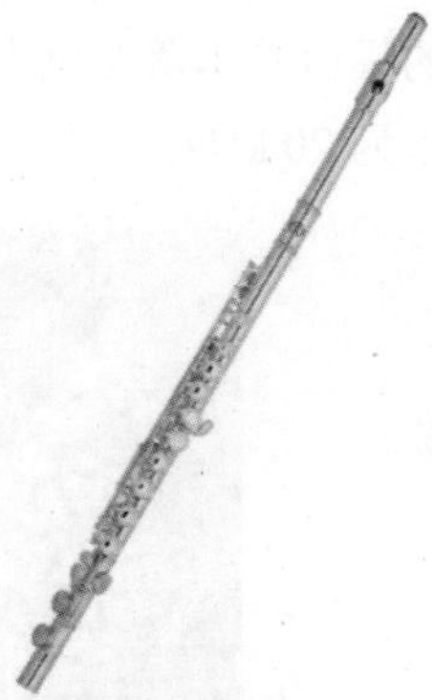

图 5–8　长笛

乐器的发声原理是音乐艺术中一个复杂而精妙的领域，涉及声波的物理特性和音乐的表现形式。在所有的乐器发声系统中，可以观察到一种基本的振动模式，这被称为“基本波长”或“基波”。这种波长位于音列的顶端，决定着乐器能够演奏出的音高范围。对于任何乐器来说，如果它能发出某个特定的音符，那么这个音符的音高取决于该音符的基波的长度。

除了基波之外，乐器还会产生一些较短的波长声音，这些声音也属于泛音的范畴。泛音通常伴随着基波出现，但其波长要比基波小得多。当乐器发出带有明显音高的音符时，弦线或空气管道之间会发生反射现象，导致波长相同且方向相反的波形相互干扰，从而生成不同的谐波。在音乐术语中，这些由干涉引起的不同波长的谐波统称为泛音。泛音列的构成非常有趣，因为它们的波长对应于弦长或管长频率的特定倍数。例如，对于长笛来说，当节点在管的两端、腹点在管的中间时，产生基频振动，此时波长 $\lambda_0 = 2L$，L 为管长，基频为 f_0。当节点在管的两端和中间、腹点在管的 1/4 和 3/4 位置时，产生第一泛音（一次谐波），波长 $\lambda_1 = L$，频率为 $2f_0$。之后以此类推。

各种乐器的不同演奏方式和发声特点构建了丰富多彩的音乐世界。在被测乐器发声时，声音波动可以通过空气传播到声级计的振膜上。振膜受到声波的作用而产生振动，并通过声级计内部的放大电路结构将振动转换为电信号进行输出。利用数据采集器，对声级计输出的电信号进行 A/D 转换，将其转换为数字信号，输入到计算机并储存。

实验时将声级计安装在三脚架上，三脚架上的固定螺丝对准声级计背面上的螺孔，并拧紧固定。声级计朝声源方向，距离演奏者约 2 m。声级计交流输出接数据采集器，数据采集器接入计算机 USB 接口，如图 5−9 所示。采集时，声级计量程选择 100 dB（在规定测量范围内，每档量程上限到+45 dB，下限到−25 dB），使被测信号的幅值基本落在整个量程的 1/3～2/3 之内，以保证测量精度。实验时设定采样频率为 20 kHz。

图 5−9　乐器声信号采集过程

2. 信号分析

采集小提琴、小号、单簧管、长笛的声信号分别保存在二进制文件 xtq.dat、xh.dat、dhg.dat、cd.dat 中。编写程序分析四种乐器声信号，画出对应的波形和频谱图，参考代码如下：

代码	注释
`N=40960;`	读取的信号点数
`fs=20000;`	采样频率为 20 kHz
`f_id=fopen('xtq.dat','r');`	使用 fopen 函数以只读的方式打开文件（这里以小提琴声文件为例）
`x=fread(f_id,40960,'int16');`	读取文件中的所有数据，精度为 16 位
`fclose(f_id);`	关闭文件

```
x=x/65536*10;                    转换为电压数值,用小数表示
x=x/(2^5);                       转换为原始电压数值,程控增益放大 2^5=32 倍
x=x/(25*10^-3);                  除以灵敏度,转换为声压信号
x=x-mean(x);                     去除直流分量
y=x(1:2000);                     提取信号前 2 000 个数据点进行频谱分析
z=x(1:400);                      提取信号前 400 个数据点进行时域波形绘制
N=length(z);                     时域信号长度为 N
t=0:N-1;                         创建时间序列
t=t/fs;                          将时间序列转化为以秒为单位
figure();
plot(t,z);                       绘制选定声音信号的波形图
xlabel('时间 t/s');              设置横坐标轴标注
ylabel('声压 p/Pa');             设置纵坐标轴标注
N=length(y);                     频域处理数据长度为 N
f=(0:N-1)* fs/N;                 创建频率序列
Y=fft(y);                        对选定信号进行快速傅里叶变换
Y=abs(Y);                        计算频谱幅度并归一化
figure();
plot(f(1:N/2),Y(1:N/2));         绘制频谱图
xlim([0,5000]);                  限定频率范围为 5 000 Hz
xlabel('频率 f/Hz');             设置横坐标轴标注
ylabel('归一化幅值');            设置纵坐标轴标注
```

小提琴声信号的波形和频谱如图 5-10 所示。小提琴的声音产生机制是琴弦振动，并通过琴桥传递给琴箱产生共鸣。从图 5-10(b) 可以看出，小提琴单音符频谱图通常呈现出以下特点：

小提琴声信号的基频为 400 Hz，对应于琴弦的振动基本频率，谐波 800 Hz、1 200 Hz、1 600 Hz、2 000 Hz、2 400 Hz 分别为琴弦的二倍、三倍、四倍、五倍、六倍频振动。小提琴声信号泛音分布丰富，同时二倍、三倍频突出，低倍谐波较强，这使得小提琴的音色温暖明亮，富有层次。

小号声信号的波形和频谱如图 5-11 所示。小号的声音产生机制是通过演奏者嘴唇产生气流，进入金属管身，从而产生空气柱振动。从图 5-11(b) 可以看出，小号单音符频谱图通常呈现出以下特点：

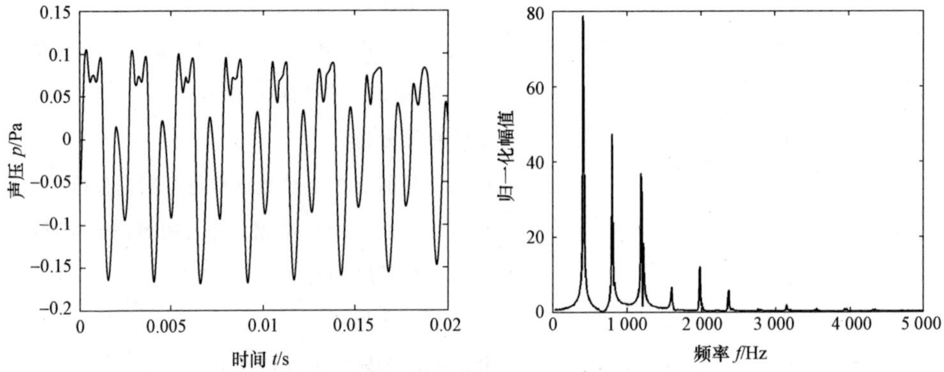

(a) 波形　　(b) 频谱

图 5-10　小提琴声信号

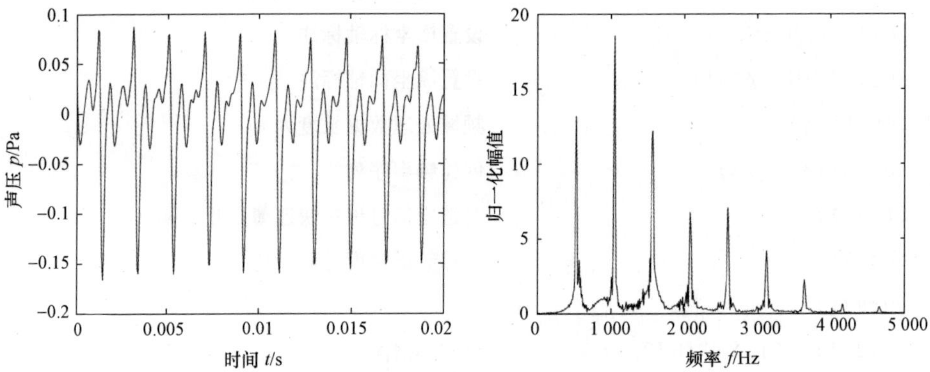

(a) 波形　　(b) 频谱

图 5-11　小号声信号

小号声信号的基频为 500 Hz，对应喇叭的振动基本频率，谐波 1 000 Hz、1 500 Hz、2 000 Hz、2 500 Hz、3 000 Hz、3 500 Hz 分别为基频的二倍、三倍、四倍、五倍、六倍、七倍频振动，谐波分布对应气柱的共鸣频率。小号声信号在包含丰富泛音成分的同时，高倍谐波突出，这使得小号的音色高亢辉煌，在高音区时尤为明显。

单簧管声信号的波形和频谱如图 5-12 所示。单簧管的声音产生机制是气流带动簧片的振动。从图 5-12(b) 可以看出，单簧管单音符频谱图通常呈现出以下特点：

单簧管声信号的基频为 600 Hz，在 1 200 Hz、1 800 Hz 和 2 400 Hz 有明显的谐波分量。单簧管笛头与簧片的振动配合空气柱共鸣，产生柔美音色。低音深沉，中音浑厚，高音明亮，适合表现各种音乐性格，极富表现力。

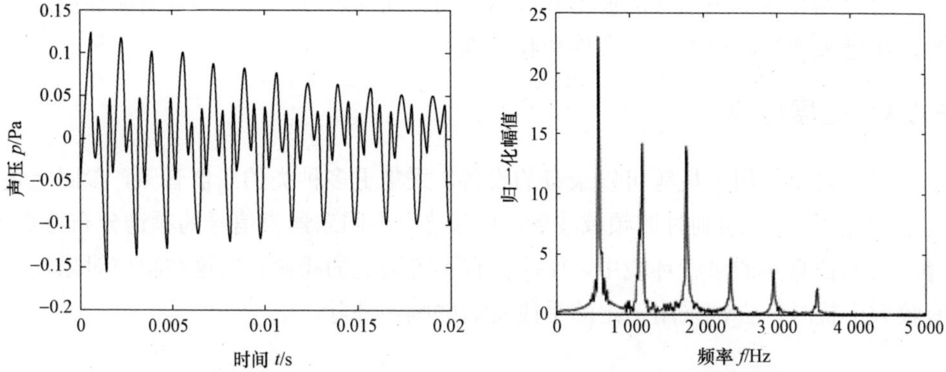

(a) 波形　　(b) 频谱

图 5-12　单簧管声信号

长笛声信号的波形和频谱如图 5-13 所示。长笛的声音产生机制是通过演奏者将气流吹过吹孔边缘，使气流分成两部分，分别进入和绕过吹孔，从而在管内产生空气柱振动。从图 5-13(b) 可以看出，长笛单音符频谱图通常呈现出以下特点：

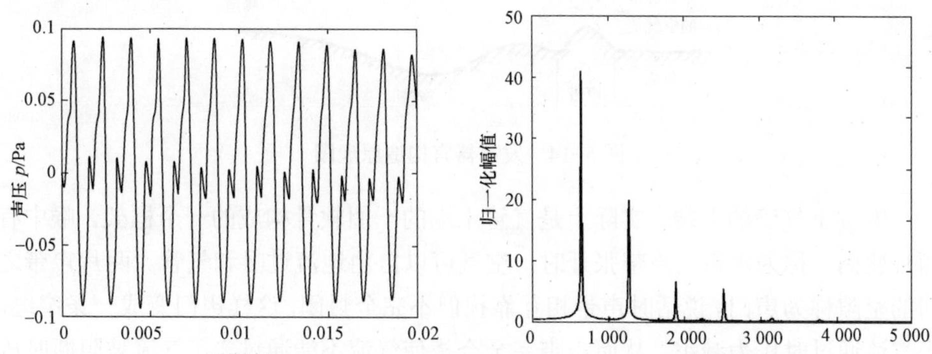

(a) 波形　　(b) 频谱

图 5-13　长笛声信号

长笛声信号的基频为 650 Hz，对应吹口处的气流振动基本频率，谐波 1 250 Hz、1 900 Hz、2 500 Hz 约为基频的二倍、三倍、四倍频振动，谐波受到气流稳定性的影响，长笛的泛音分布相对均匀，这使其音色清澈灵巧。

不同种类的乐器产生的声音信号的基波与谐波不同，即音色不同。从信号分析的角度看，音色相当于信号的波形与频谱，泛音相当于傅里叶变换中的谐波分析。通过波形和频谱分析可以识别不同乐器发出的声音。

对比四种乐器声信号的波形和频谱可得：几种乐器声信号均具有明显的周期性，频谱表现为离散性、谐波性和收敛性。

5.2.4 拓展提高

（1）自己使用手机等可以录音的设备，采集更多种类的乐器音频，参照上述例子，编写程序，绘制时域频域波形，并总结出不同乐器声信号的频谱分布特点。

（2）在真实的录音环境中，往往会有不可避免的噪声，当这些噪声对乐器声有较大干扰时，尝试采用一定的手段将这些噪声滤除。

5.3 语音检测

从物理原理来看，语音信号是由肺挤压出的空气激励发声器官带来的振动产生的。发声器官包括喉、声道、嘴和声管，如图 5-14 所示。

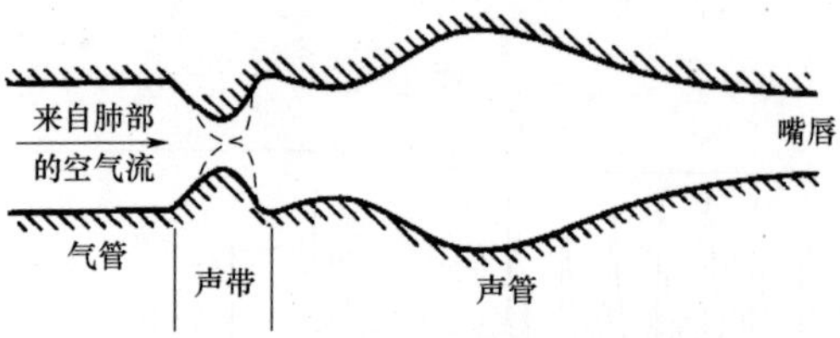

图 5-14　发声器官构造原理图

喉位于气管的上端，实际上是气管末端的一圈软骨构成的一个框架。喉中有两片肌肉，称为声带。声带张开时，空气可以自由地流过喉和气管。两片声带之间的空隙称为声门。说话时声带相互靠拢但不完全封闭，这样声门变成一条窄缝，当气流通过时压力减小，从而声带完全合拢使气流不能通过。在气流被阻断时压力恢复正常，因而声带间的空隙形成，气流再次通过[21]。这一过程周而复始，就形成了一连串周期性的脉冲气流送入声道。这个脉冲串的周期称为“基音周期”（见图 5-15），其倒数是“基音频率”。男性说话的基音频率在 60～200 Hz 范围，女性和小孩则在 200～450 Hz 范围。

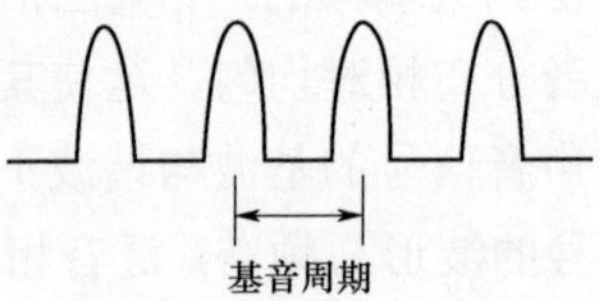

图 5-15　声门脉冲串波形

气流流过声道时，犹如通过一个具有某种谐振特性的腔体，称为声管。输出气流的频率特性既取决于声门脉冲串的特性，又取决于声道特性。声道包括口腔和鼻腔两个部分，气流会在软腭的控制下分别流经这两个通道。

5.3.1　实验目的

（1）掌握语音信号的采集方法。

（2）借助时域和频域分析采集的语音信号，并总结男性、女性的语音信号的特点。

5.3.2　实验原理

对于人类的语音信号来说，音色同样起着至关重要的作用。当人们用听觉感知外部世界时，常常最先通过音色来分辨不同人的说话声。

每个人的语音音色都是独一无二的，就如同每个人的相貌都各不相同。这是因为不同的人作为发声体，其生理结构存在差异。人的声带、口腔、鼻腔等部位的结构和特点决定了发出声音的音色。例如，男性和女性的语音音色通常会有所不同，男性的声音可能更加低沉厚重，而女性的声音则可能更加清脆悦耳。此外，不同年龄阶段的人、不同地域的人，其语音音色也会呈现出各自的特点。

音色的独特性使得人们在交流中能够轻易地辨别出不同人的声音。即使在同一音高和同一声音强度的情况下，也能凭借音色准确地判断出是谁在说话。语音音色就像是每个人的声音名片，具有极高的辨识度。音色的产生源于发音体的振动，对于人类语音来说，声带的振动，以及口腔、鼻腔等部位的共鸣共同作用，产生了丰富多样的泛音。这些泛音的不同组合决定了每个人特定的语音音色。

语音信号处理是对声音进行分析、处理和理解的一项技术，广泛应用于语音识别、语音合成及通信等领域。语音信号是一种非平稳信号，具有复杂的时域和频域特性。为了有效地分析这种信号，需要结合数字信号处理技术，特别是离散傅里叶变换等频域分析方法，从多个角度理解信号的特性。

语音信号可以看作是一种非周期性信号，由人类发声器官产生。语音信号的产生主要依赖于声带的振动和共鸣腔的调制，声带的振动产生基音，而共鸣腔的调制则形成各种不同的音素。由于不同的音素在时域和频域中的表现各不相同，因此，分析语音信号时需要同时考虑其时域和频域特性。

从时域的角度来看，语音信号是一个随时间变化的连续波形，反映了发声时气流振动的强度。时域波形能够直观地展示语音信号的幅值变化，显示出声音的起伏，如元音部分的较高振幅和辅音部分的较低振幅。然而，仅仅通过时域波形难以揭示语音信号的内部结构，特别是无法有效分辨其频率成分。因此，仅依赖时域分析，往往不足以深入理解语音信号的复杂性。

频域分析则通过将时域信号转换为频域信号来揭示其频率成分。语音信号中的频率成分反映了声波的振动频率，包含了丰富的语音信息。傅里叶变换是实现时域到频域转换的基本工具，它将时域中的复杂波形分解为多个不同频率的正弦波的叠加。这些正弦波的幅度和相位反映了语音信号在不同频率上的能量分布。

在语音信号处理中，通过离散傅里叶变换，可以得到信号的频谱图。频谱图展示了信号在不同频率下的能量分布，揭示了语音信号的基频及其谐波结构。通常情况下，语音信号的能量集中在较低的频率范围内，特别是 100～500 Hz 区域，这部分频率对应于人类发声的基频和低次谐波；而高频部分则与语音中的辅音特征密切相关。

语音信号的频谱分析不仅可以揭示基频和谐波，还可以识别出可能存在的噪声和干扰。通过频域分析，可以有效分辨出语音信号中的周期性成分与随机噪声。特别是在高噪声环境下，频域分析可以帮助滤除不必要的频率成分，保留语音信号的主要信息。这对语音识别等应用尤为重要。

5.3.3 实验任务

1. 数据采集

本次语音采集的对象为一名男性和一名女性，通过二人朗读同一段文字进行语音信号录入。在说话时，由于发音器官的动态变化，语音信号的频谱分布不仅包含主要频率成分，还包括大量的细节和变化，相较于乐器声信号，表现出更为复杂的特征。

人发声时，声音波动可以通过空气传播到声级计传声器的振膜上。振膜受到声波的作用而产生振动，并通过声级计内部的放大电路将振动转换为电信号，再通过数据采集器转换为数字信号，输入到计算机磁盘存储。

采集时，传声器距离讲话者约 2 m，声级计量程选择 80 dB，使被测信号的幅值基本落在整个量程的 1/3～2/3 之内，以保证测量精度。实验时设定采样频率为 20 kHz，采集二人的语音信号。

2. 信号处理

男性的语音信号保存在二进制文件 male.dat 中，女性的语音信号则保存在 female.dat 中。编程读取语音信号，截取语音信号长度为 0.5 s，截取的点数为 10 000，绘制语音信号的波形和频谱图，参考代码如下：

代码	注释
`N=40960;`	读取的信号点数
`fs=20000;`	采样频率为 20 kHz
`f_id=fopen('male.dat','r');`	使用 fopen 函数以只读的方式打开文件（这里以男性语音文件为例）
`x=fread(f_id,40960,'int16');`	读取文件中的所有数据，精度为 16 位
`fclose(f_id);`	关闭文件
`x=x/65536*10;`	转换为电压值，小数表示
`x=x/(2^7);`	程控放大前的信号
`x=x/(2.5*10^-3);`	除以灵敏度，转换为声压信号
`x=x-mean(x);`	去除直流分量
`y=x(8200:13199);`	提取信号 8 200~13 199 之间的 5 000 个数据点分析
`N=length(y);`	信号长度为 N
`t=0:N-1;`	创建时间序列
`t=t/fs;`	将时间序列转化为以秒为单位
`figure();`	
`plot(t,y);`	绘制选定声音信号的波形图
`xlabel('时间 t/s');`	设置横坐标轴标注
`ylabel('声压 p/Pa');`	设置纵坐标轴标注
`f=(0:N-1)* fs/N;`	创建频率序列
`Y=fft(y);`	对选定信号进行快速傅里叶变换
`Y=abs(Y);`	计算频谱幅度
`figure();`	
`plot(f(1:N/2),Y(1:N/2));`	绘制频谱图
`xlim([0,5000]);`	限定频率范围为 5 000 Hz
`xlabel('频率 f/Hz');`	设置横坐标轴标注
`ylabel('归一化幅值');`	设置纵坐标轴标注

男性语音信号的波形和频谱如图 5-16 所示，女性语音信号的波形和频谱如图 5-17 所示。从中可以看出：语音信号的时域波形呈随机性，对应频谱为连续谱，女声的频率比男声高。进一步对比分析可以发现，男声的频率主要集中在 100～1 500 Hz，女声的频率在 2 000～3 000 Hz 还有能量分布。女声的频率比男声高，表现为男性的音调相对较低，音色比较浑厚和深沉；与之相反，女性的音调通常比较高，音色比较清脆和明亮。

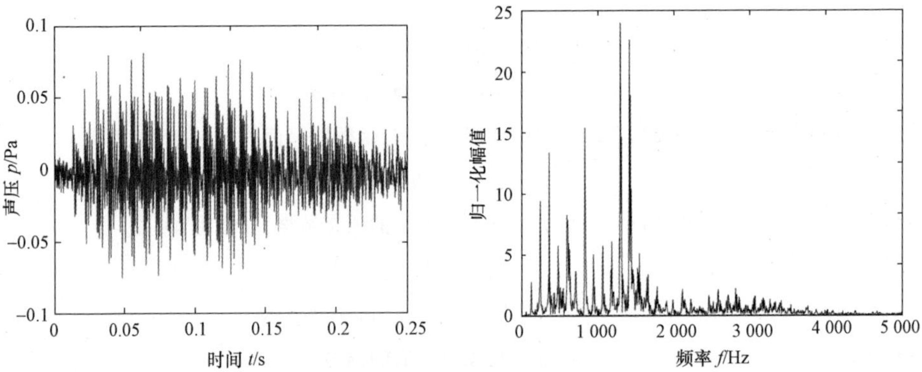

(a) 波形　　(b) 频谱

图 5-16　男性语音信号

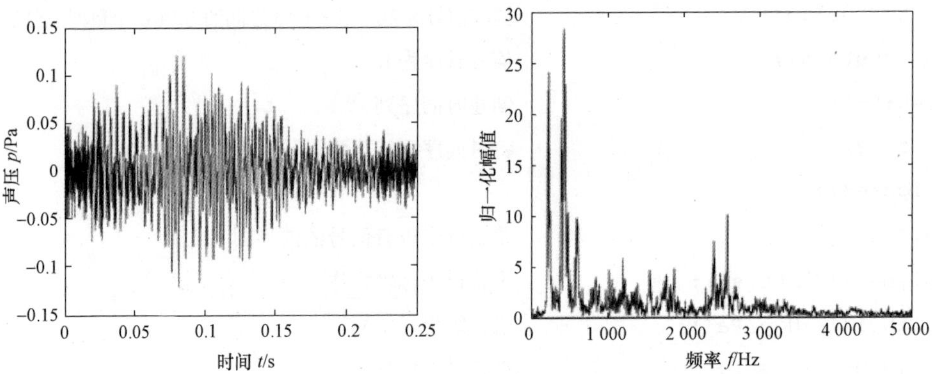

(a) 波形　　(b) 频谱

图 5-17　女性语音信号

5.3.4　拓展提高

声纹（voiceprint）是用电声学仪器显示的携带语言信息的声波频谱。现代科学研究表明，声纹不仅具有特定性，而且具有相对稳定性的特点。成年以后，人的声音可保持长期相对稳定不变。实验证明，无论讲话者是故意模仿他人声音和语气，还是耳语轻声讲话，即使模仿得惟妙惟肖，其声纹却始终不变[22-23]。

声纹识别对频谱分析精度提出了更高的要求。采集另一位男性的语音信号，其波形和频谱如图 5-18 所示。与图 5-16 对比可以看出，频谱差别不大，难以区分。采集另一位女性的语音信号，其波形和频谱如图 5-19 所示。与图 5-17 对比可以看出，频谱差别也很小。基于傅里叶变换的频谱分析精度不够高，声纹识别需要引入新的信号分析工具，这部分内容将在本书的进阶篇中介绍。

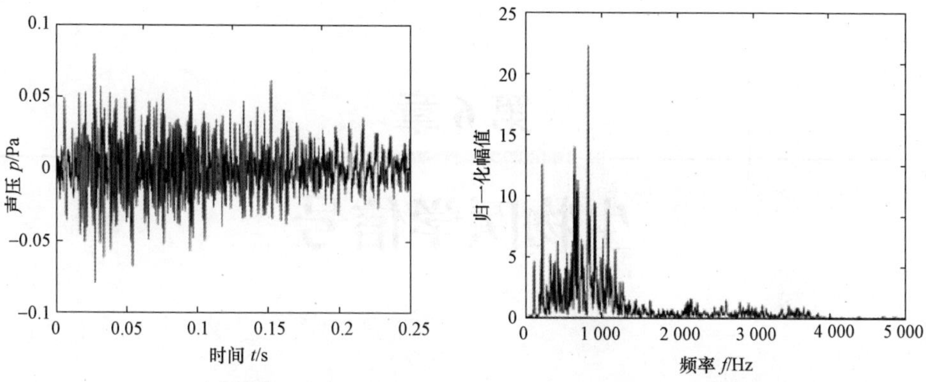

(a) 波形　　(b) 频谱

图 5-18　另一位男性语音信号

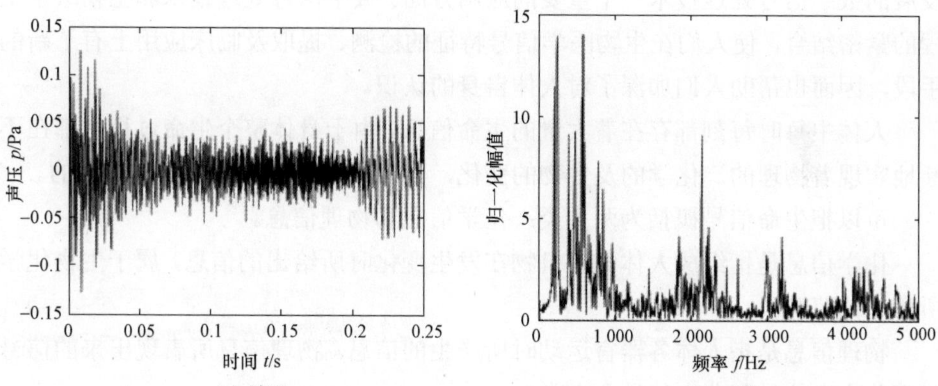

(a) 波形　　(b) 频谱

图 5-19　另一位女性语音信号

第 6 章

生物医学信号

生物医学信号处理是生物医学工程学的一个重要研究领域，也是近年来迅速发展的数字信号处理技术一个重要的应用方面。数字信号处理技术和生物医学工程的紧密结合，使人们在生物医学信号特征的检测、提取及临床应用上有了新的手段，因而也帮助人们加深了对人体自身的认识。

人体中每时每刻都存在着大量的生命信息。由于身体整个生命过程中都在不断地实现着物理的、化学的及生物的变化，因此所产生的信息是极其复杂的。

可以把生命信号概括为两大类：化学信息和物理信息。

化学信息是指组成人体的有机物在发生变化时所给出的信息，属于生物化学所研究的范畴。

物理信息是指人体各器官运动时所产生的信息。物理信息所表现出来的信号又可分为电信号和非电信号两大类。

人体电信号：体表心电（ECG）、脑电（EEG）、肌电（EMG）、眼电（EOG）、胃电（EGG）等信号在临床上取得了不同程度的应用。

人体非电信号：如体温、血压、心音、心输出量及肺潮气量等，通过相应的传感器，即可转变成电信号，便于检测、提取和处理。

生物医学信号具有以下特点[24]：

（1）信号弱：直接从人体中检测到的生理电信号其幅值一般比较小。例如，从母体腹部检测到的胎儿心电信号仅为 10～50 μV；脑干听觉诱发响应信号小于 1 μV；自发脑电信号约 5～150 μV；体表心电信号幅值相对较大，最大可达 5 mV。因此，在处理各种生理电信号之前，要配置各种高性能的放大器。

（2）噪声强：噪声是指其他信号对所研究对象信号的干扰。例如，生理电信号总是伴随着由于肢体动作、精神紧张等带来的干扰，而且常混有较强的工频干扰；诱发脑电信号中总是伴随着较强的自发脑电；从母体腹部检测到的胎儿心电信号常被较强的母亲心电信号所淹没。这给信号的检测与处理带来了困难，因此要求采用一系列的、有效的去除噪声的算法。

（3）频率范围一般较低：经频谱分析可知，除声音信号（如心音）频谱成分稍高外，其他生理信号的频谱一般较低。例如，心电信号的频谱为 0.01～35 Hz，脑电信号的频谱为 1～30 Hz。在信号的获取、放大、处理时，要充分考虑信号的频率响应特性。

（4）随机性强：生物医学信号是随机信号，一般不能用确定的数学函数来描述，其规律主要从大量统计结果中呈现出来，必须借助统计处理技术来检测、辨识随机信号和估计其特征。而且信号往往是非平稳的，即信号的统计特征（如均值、方差等）随时间的变化而改变。这些都给生物医学信号的处理带来了困难。

本书选取心音、肺音、脉搏三种容易检测的生物医学信号开发“信号与系统”课程教学实验。

6.1 实验设备

心音、肺音、脉搏测量选用 CM-01 接触式传感器[25]，由灵敏度高、性能稳定的压电薄膜结合一个低噪声的前置放大器电路组成，能以缓冲输出的方式提供单一的声音和振动信号的拾取。当橡胶垫中敏感元件接收到振动信号时，能输出一个高灵敏度的信号，是一款适合的监测体音的传感器，具有频带宽、灵敏度高、抗冲击性能良好、重量轻、成本低的特点。

CM-01 接触式传感器性能参数见表 6-1，频率响应曲线如图 6-1 所示。传感器适合拿在手中检测心音、肺音和脉搏，幅频特性在 10～1 000 Hz 几乎没有变化，能满足体音检测的要求。

表 6-1　CM-01 接触式传感器性能参数

性能参数	最小值	典型值	最大值
灵敏度/（V/mm）		40	
下限频率（−3 dB）/Hz		8	
上限频率（+3 dB）/kHz		2.2	
谐振频率/kHz		5	
弹性系数/（N/m）		20	
电子噪声/mV（pk−pk）		1	

续表

性能参数	最小值	典型值	最大值
供电电压/V	4	5	30
供电电流/mA		0.1	
工作温度/℃	+5		+60
存储温度/℃	−20		+85

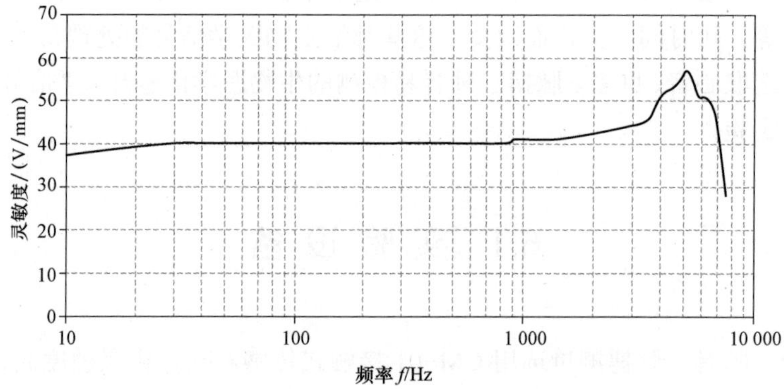

图 6−1　CM−01 接触式传感器频率响应曲线

图 6−2 为 CM−01 接触式传感器实物图。下边接线端子接入电源，探头通过三芯电缆接入前置放大器左侧接线端子，前置放大器有 4 档放大倍数可选，输出伏级电压信号，通过右侧接线端子接入采集器即可采集心音、肺音、脉搏等人体生理信号。

图 6−2　CM−01 接触式传感器实物图

6.2　心音信号检测

心血管疾病是严重威胁人类健康的疾病之一。心音信号的检测和分析是了解心脏和血管状态一种不可缺少的手段。心音是由于心脏瓣膜的开关、肌腱和肌肉的收缩、血流的冲击及心血管壁的振动而产生的一种复合音，因此心音能够反映心脏活动及血液流动的状况[26]。

心电图检查是心脏变时性和变传导性的最佳监测方法，但不能用来监测心脏的变异性。先天心脏瓣膜受损、心电传导组织病变引起的心脏机械活动障碍都能由心音反映出来，而且某些心血管系统的病变在导致心电图信号（ECG）出现异常前，首先导致心脏杂音和心音变异。因此心音具有不可替代的诊断信息。

临床医学上利用听诊器诊听心音，作为对心脏疾病进行辅助诊断的一种手段。但传统的心脏听诊，过分依赖于耳朵的灵敏度及医师的主观经验，对心音做出正确的判断有一定的难度[27]。利用信号处理技术，对心音信号进行全面的特征分析和提取，可为心脏疾病的诊断、治疗提供重要的数据支持，在医学研究领域具有重要意义。

6.2.1　实验目的

（1）掌握心音信号采集方法。

（2）理解心音信号波形和频谱特点。

（3）了解心音信号特征点识别方法。

6.2.2　实验原理

心音信号的产生机理为：心脏的瓣膜和大血管在血流冲击下形成的振动，心脏内血流的加速与减速形成的湍流和涡流及其对心脏瓣膜、心房、室壁的作用所产生的振动，以及心肌在周期性的心电活动下其刚性的迅速增加和减小形成的振动，经过心胸传导系统到达体表形成了体表心音[28]。

心音是较为复杂的生理信号之一。从其源特性来看，心音是由多个振动源在不同空间位置、不同时刻的振动所形成的，振动源之间又有着不可忽视的相互作用，而且对每个源而言又有相当强的时变特性[29]。

心脏的周期跳动使得心音产生周期性，波形如图 6–3 所示。对于心脏疾病的诊断，关键在于如何正确划分和识别心音各组成的边界，即心音分割。常用的方法是根据收缩期与舒张期的规律识别第一心音 S1 和第二心音 S2，再根据分割的结果对心脏的异音进行排查，完成医学诊断。

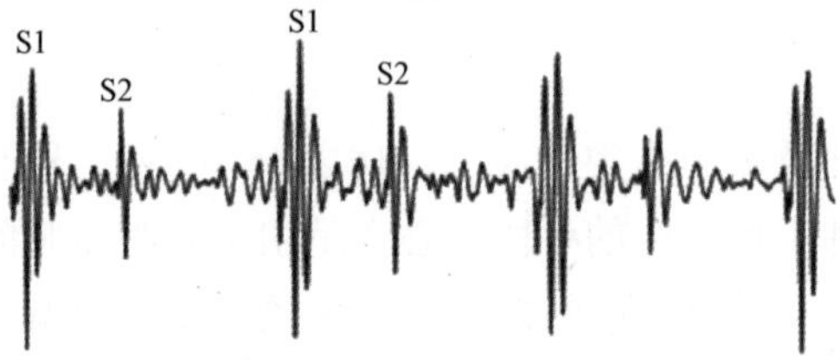

图 6-3　心音信号波形

6.2.3　实验任务

1. 数据采集

实验时将 CM-01 接触式传感器与数据采集器相连接，然后将数据采集器和计算机相连，通过计算机对采集到的信号进行储存和处理。进行信号采集时，设定采样频率为 2 000 Hz。

选择一个安静的采集环境，关闭可能产生噪声的设备。被采集者应穿着宽松的衣物，采集前保持身心状态稳定。本次实验采集自然状态和运动后的心音信号进行分析。

自然状态心音信号采集时，让被采集者坐下，将 CM-01 接触式传感器轻轻放置在心前区，通常是胸骨左缘第 3、4 肋间。设置好参数后开始采集，采集过程中被采集者应保持安静。运动后心音信号采集时，先让被采集者适当活动 5 min，然后按照正常采集方法放置传感器并启动设备采集心音。采集完数据后，在计算机上进行后续处理和分析。

2. 信号处理

自然状态和运动后的心音信号分别保存在二进制文件 heart_normal.dat、heart_exercise.dat 中，绘制心音信号的波形和频谱图，参考代码如下：

代码	注释
`N=40960;`	读取的信号点数
`fs=2000;`	采样频率为 2 000 Hz
`M=4;`	降采样因子为 4
`f_id=fopen('heart_normal.dat','r');`	使用 fopen 函数以只读的方式打开文件(这里以自然状态的心音信号文件为例)
`x=fread(f_id,40960,'int16');`	读取文件中的所有数据，精度为 16 位

```
fclose(f_id);                           关闭文件
x=x/65536*10;                           转换为电压值,小数表示
x=x/(2^0);                              程控增益放大前的信号
x=x-mean(x);                            去除直流分量
y1=decimate(x,M,'fir');                 对心音信号进行降采样
frag=1840:2339;                         确定索引范围为 1 840~2 339 之间的 500
                                        个点
y=y1(frag);
fs=fs/M;                                将采样频率降为 500 Hz
N=length(y);                            信号长度为 N
t=0:N-1;                                创建时间序列
t=t/fs;                                 将时间序列转化为以秒为单位
figure();
plot(t,y);                              绘制选定的心音信号的波形图
xlabel('时间t/s');ylabel('电压u/V');    设置横纵坐标轴标注
f=(0:N-1)* fs/N;                        创建频率序列
Y=fft(y);                               对选定信号进行快速傅里叶变换
Y=abs(Y)/N;                             计算频谱幅度
figure();
plot(f(1:N/2),Y(1:N/2));                绘制频谱图
xlim([0,100]);                          限定频率范围为 100 Hz
xlabel('频率 f/Hz'),ylabel('归一化幅    设置横纵坐标轴标注
值');
```

对采集到的自然状态的心音信号进行降采样、截取，并绘制其波形和频谱，如图 6–4 所示。心音信号的时域图为周期信号，呈现出稳定的波形特征。根据收缩期小于舒张期的规律识别第 1 心音 S1 和第 2 心音 S2。心音信号的频谱为离散谱，11 Hz 为心跳的基频，23 Hz 和 34 Hz 分别对应 2、3 次谐波。

对采集到的运动后的心音信号进行降采样、截取，并绘制其波形和频谱，如图 6–5 所示。自然状态下，完成一次心脏的收缩和舒张大约需要 0.59 s；而运动后，只需要 0.5 s。可知在运动后，相同的时间内，心跳的次数会略有增加，以满足身体在运动后对氧气和营养的迫切需求。对心音信号做傅里叶变换，可知运动后相比自然状态下，心跳频率加快，谐波成分增加，高频 40～60 Hz 突出。

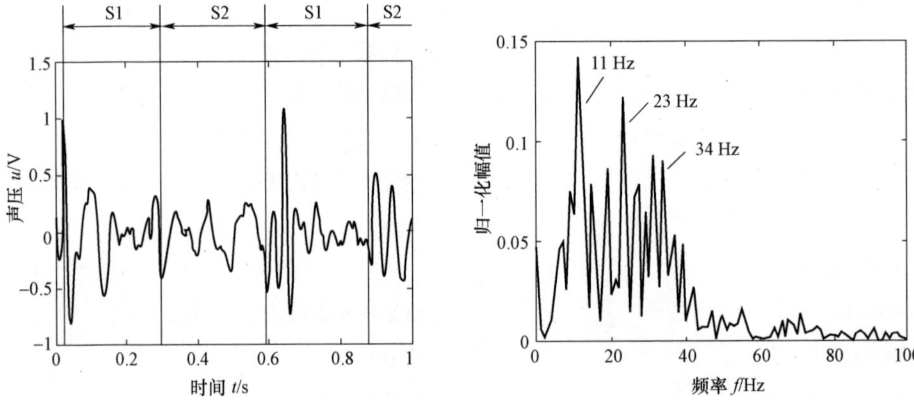

(a) 波形　　(b) 频谱

图 6-4　自然状态的心音信号

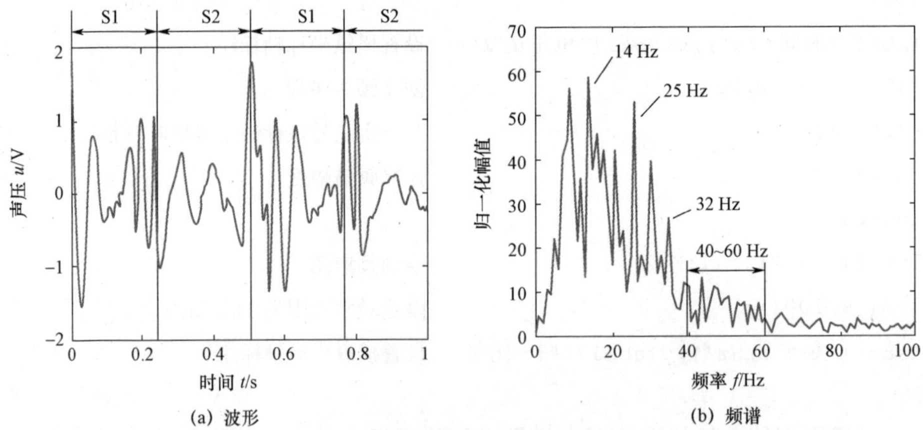

(a) 波形　　(b) 频谱

图 6-5　运动后的心音信号

通过频谱分析可以发现，心音信号具有丰富的频率成分，这些成分是进行医学诊断的基础。心音信号的丰富频率成分蕴含着关于心脏功能、瓣膜状态、血流动力学等多方面的信息。当将心音信号与乐器声信号相比时，可以清晰地发现：乐器声信号主要由基波和谐波构成；与心音信号相比，乐器声信号的频率分量相对较少。这是因为乐器发声通常是通过特定的物理结构以较为规律的方式产生振动，缺乏复杂的动态变化；而心音信号则是由心脏在复杂的生理活动过程中产生的，在不同情况下会产生显著的动态变化，反映了心脏各个结构的协同运作，以及血液在心血管系统中的流动状态。

6.2.4　拓展提高

1. 如何在不增加采样点数的情况下，提高心音信号频谱分析的精度？

采用离散小波分解，多分辨率分析，可以有效提高频率分辨率。参见本书进阶篇。

2. 心音信号与心电信号之间的联系与区别有哪些？

心音信号和心电信号都由心脏活动产生，均能反映心脏生理状态。同时，心音信号和心电信号在时间上有一定对应关系，第一心音与心电图上的 QRS 波群相关，第二心音与心电图上的 T 波结束相对应。对比如图 6–6 所示。

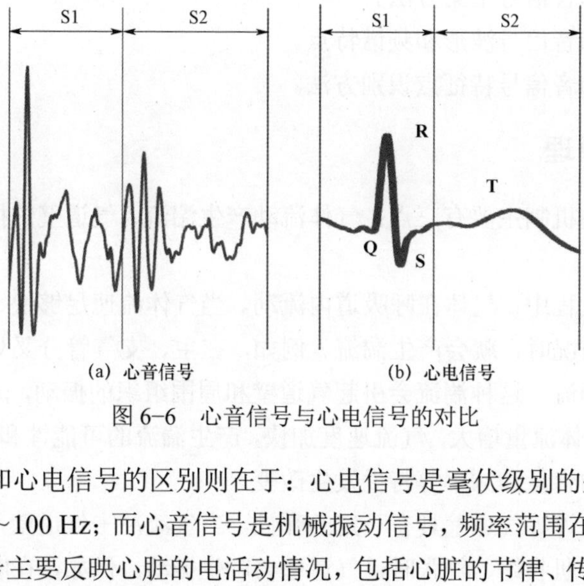

图 6–6　心音信号与心电信号的对比

心音信号和心电信号的区别则在于：心电信号是毫伏级别的生物电信号，频率范围在 0.05～100 Hz；而心音信号是机械振动信号，频率范围在 20～2 000 Hz。此外，心电信号主要反映心脏的电活动情况，包括心脏的节律、传导系统的功能、心肌的缺血和损伤等；而心音信号主要反映心脏的机械活动情况，包括心脏瓣膜的开闭、心肌的收缩和舒张等。

6.3　肺音信号检测

肺音信号的检测和分析是了解肺部状态的一种重要手段。肺音是由于气流在气道内的流动、气道壁的振动、肺泡的扩张与收缩，以及胸膜的摩擦而产生的一种复合音，能够反映肺部的通气状况及气道和肺组织的健康状态[30]。

肺部炎症、气道阻塞等引起的肺部通气障碍都能由肺音信号反映出来。同时，某些呼吸系统的病变，如肺炎和肺纤维化，会导致肺音的改变和异常呼吸音的出现[31]。因此，肺音信号具有重要的诊断价值。

医务人员诊断呼吸系统疾病最简单的检测方法就是听诊，即在患者胸部使用听诊器获取肺音信号以判断呼吸系统健康与否[32]。但传统听诊有一定的缺点，如不能存储数据、依赖医师的主观经验等。因此，利用信号处理技术，对肺音信号进行存储、处理和分析，对于呼吸系统诊断智能化、医疗信息传递快速化具有重要意义。

6.3.1 实验目的

（1）掌握肺音信号采集方法。

（2）理解肺音信号波形和频谱特点。

（3）了解肺音信号特征点识别方法。

6.3.2 实验原理

肺音产生的机制主要有三点：气体流动产生湍流、气道壁的振动、肺泡和胸膜的活动。

正常呼吸过程中，气体在呼吸道内流动。当气体流速足够快、气道局部狭窄或出现分支等情况时，就会产生湍流。例如，在主、支气管分叉处，气流方向改变，容易产生湍流。这种湍流会引起气道壁和周围组织的振动，从而产生声音。在深呼吸时，气体流量增大，气流速度加快，产生湍流的可能性和强度也会增加，进而使得肺音的音量和频率等特性发生改变。

气管、支气管等气道壁具有一定的弹性，当气流冲击气道壁，或者气道壁周围的组织如平滑肌收缩、舒张时，气道壁会产生振动。例如，在咳嗽时，肋间肌和膈肌强烈收缩，使胸腔内压急剧升高，气流快速冲出气道，强烈冲击气道壁，产生较为响亮的咳嗽音。气道壁的厚度、弹性等物理特性也会影响肺音的产生。例如，当气道壁因为炎症等原因变得僵硬或增厚，其振动特性会产生相应的改变，进而使得产生的肺音有所不同[33]。

肺泡在呼吸过程中会扩张和收缩。在吸气时，肺泡扩张，气体进入；在呼气时，肺泡收缩，气体排出。肺泡壁的弹性纤维在这个过程中会产生微小的振动。当肺泡内的压力变化不均匀，或者肺泡与肺泡之间的张力不同时，也会产生振动。胸膜是覆盖在肺表面和胸腔内壁的一层薄膜。正常情况下，胸膜腔内有少量的液体起润滑作用。在呼吸时，肺的扩张和收缩会使胸膜产生摩擦和振动。例如，当出现胸膜炎等疾病时，胸膜变得粗糙，在呼吸过程中胸膜间的摩擦加剧，会产生摩擦音，导致肺音变化。

肺音信号的产生源于弹性生物体与气流或液体之间的复杂交互作用，这些微妙的振动变化蕴含了丰富的医学信息。肺音信号是一种微弱的、复杂多变的随机信号，波形如图 6–7 所示，需使用现代信号处理和分析方法对肺音信号进行深入的挖掘和分析，通过提取肺音信号中的关键特征，如振幅、波形、频率等，进而对肺音信号进行定性和定量的分析。

图 6–7　肺音信号波形

肺音的采集点相比心音和脉搏要多，图 6–8 为肺音信号采集的主要位置，分别是锁骨上窝、锁骨中线、腋前线、腋后线、肩胛区及肩胛下区这六个位置。

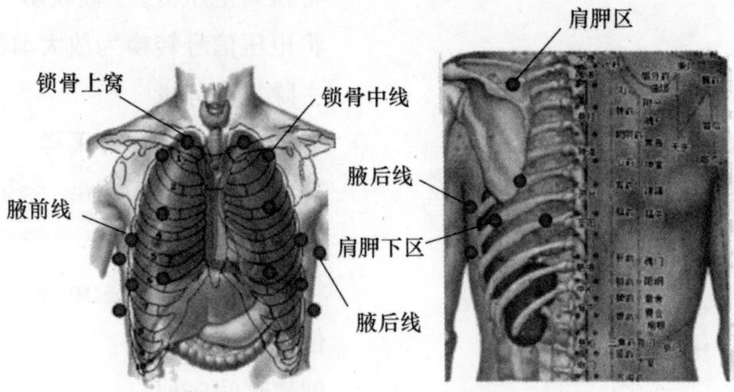

图 6–8　肺音信号采集的主要位置

6.3.3　实验任务

1. 数据采集

实验时将 CM–01 接触式传感器与数据采集器相连接，然后将数据采集器和计算机相连，通过计算机对采集到的信号进行储存和处理，设定采样频率为 2 000 Hz。

选择一个安静的采集环境，关闭可能产生噪声的设备。被采集者应穿着宽松的衣物，采集前保持安静。本次实验采集自然状态和运动后的肺音信号进行分析。

自然状态采集肺音信号时，让被采集者坐下，将 CM–01 接触式传感器轻轻放置在锁骨上窝或肩胛区。设置好参数后开始采集，采集过程中被采集者应保持安静。运动后采集肺音信号时，先让被采集者适当活动 5 min，然后按照自然状态采集方法放置传感器并启动设备采集肺音。采集完数据后，在计算机上进行后续处理和分析。

2. 信号处理

自然状态和运动后的肺音信号分别保存在二进制文件 lung_normal.dat、lung_exercise.dat 中，绘制肺音信号的波形和频谱图，参考代码如下：

代码	注释
`N=40960;`	读取的信号点数
`fs=2000;`	采样频率为 2 000 Hz
`M=4;`	降采样因子为 4
`f_id=fopen('lung_normal.dat','r');`	使用 fopen 函数以只读的方式打开文件(这里以自然状态的肺音信号文件为例)
`x=fread(f_id,40960,'int16');`	读取文件中的所有数据,精度为 16 位
`fclose(f_id);`	关闭文件
`x=x/65536*10;`	转换为电压值,小数表示
`x=x/(2^0);`	将电压信号转换为放大前的信号
`x=x-mean(x);`	去除直流分量
`y1=decimate(x,M,'fir');`	对肺音信号进行降采样
`frag=200:699;`	确定索引范围为 200~699 之间的 500 个点
`y=y1(frag);`	
`fs=fs/4;`	将采样频率降为 500 Hz
`N=length(y);`	信号长度为 N
`t=0:N-1;`	创建时间序列
`t=t/fs;`	将时间序列转化为以秒为单位
`figure();`	
`plot(t,y);`	绘制选定的肺音信号的波形图
`xlabel('时间 t/s');ylabel('电压 u/V');`	设置横纵坐标轴标注
`f=(0:N-1)* fs/N;`	创建频率序列
`Y=fft(y);`	对选定信号进行快速傅里叶变换
`Y=abs(Y);`	计算频谱幅度
`figure();`	
`plot(f(1:N/2),Y(1:N/2));`	绘制频谱图
`xlim([0,100]);`	限定频率范围为 100 Hz
`xlabel('频率 f/Hz'),ylabel('归一化幅值');`	设置横纵坐标轴标注

采集肩胛骨位置处自然状态的肺音信号进行预处理后再进行分析。肺音信号由于呼吸过程的复杂性和多变性，其波形和频谱分布不规则，这主要是由于呼吸本身是一个复杂多变的生理过程，受到多种因素的影响，如图 6-9 所示。与脉搏信号与心音信号相比，肺音信号的周期性并不强，其频谱分布呈现出连续且不规则的特点，主要频率成分在 10～30 Hz 区间。

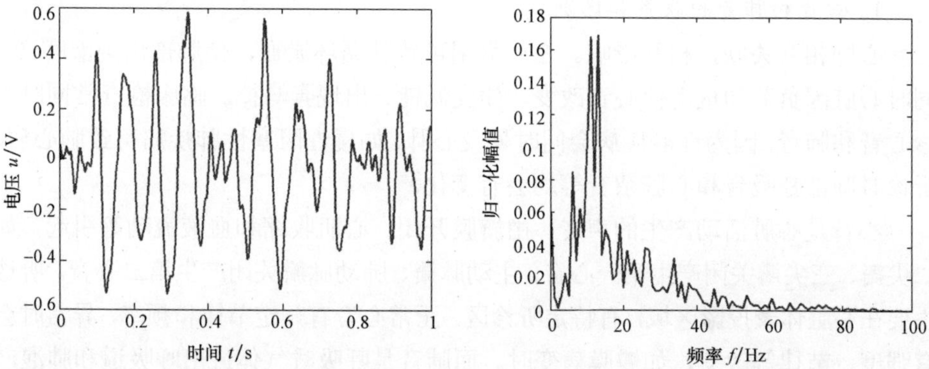

(a) 波形　(b) 频谱

图 6-9　自然状态的肺音信号

运动后，重新采集肩胛骨位置的肺音信号，预处理后的波形和频谱如图 6-10 所示。时域肺音信号呈现不规则性，无法观察运动前后的区别。对运动前后的频谱进行对比分析，结果发现自然状态和运动后的肺音信号有所不同。自然状态下，肺音信号的频率和振幅较为稳定；运动后，肺音信号的频率和振幅均呈现出明显的增大趋势。这是因为运动时，人体的呼吸频率和呼吸深度都会发生变化，从而使得肺部气体流量增加，导致呼吸音频率和强度发生变化。

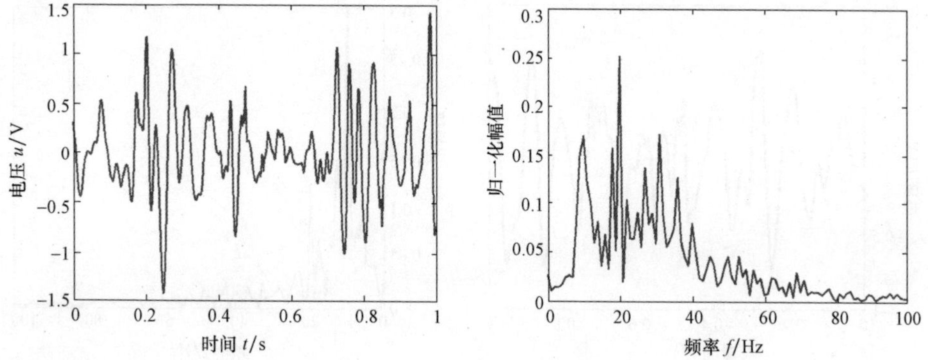

(a) 波形　(b) 频谱

图 6-10　运动后的肺音信号

通过频谱分析可以发现，肺音信号包含着丰富的频率成分，蕴含着关于肺部功能、气道状态、呼吸动力学等多方面的信息，反映了肺部各个结构的协同运作及气体在呼吸系统中的流动状态。

6.3.4 拓展提高

1. 心音和肺音的联系和区别

心肺相互关联，相互影响。左心衰竭可致肺循环淤血，使肺部出现湿啰音，同时心脏因负荷加重而使心音改变，如变低钝、出现奔马律。临床检查常同时听诊心音和肺音，因为许多疾病会同时累及心肺，如慢性阻塞性肺疾病可致肺心病，听诊时肺部呼吸音和心脏杂音等均会有变化。

心音是心脏活动产生的声音，由瓣膜开闭、心肌收缩和血液流动等引起，如二尖瓣、三尖瓣关闭产生第一心音，主动脉瓣、肺动脉瓣关闭产生第二心音。听诊主要在心脏体表投影区域，有特定听诊区。正常心音有一定节律和频率，异常时会有强度、节律等改变，如瓣膜病变时。而肺音是呼吸时气体进出呼吸道和肺泡产生的声音，包括支气管、肺泡和支气管肺泡呼吸音，分别有其特点和听诊部位。正常肺音在肺部不同区域有不同表现，肺部病变时会出现呼吸音异常及湿啰音等。

2. 不同位置采集的肺音信号的区别

分别在锁骨上窝和肩胛区采集肺音信号，这两个部位便于捕捉到清晰的肺音信号。图 6-11(a) 是在锁骨位置采集到的肺音信号时域波形图，图 6-11(b) 是对应的频谱。对比在不同位置采集的肺音信号（参见图 6-10、图 6-11），可以发现波形与频谱并不完全一样。激励相同，但是传递路径不同（对应系统冲激响应不同），系统的输出不同。

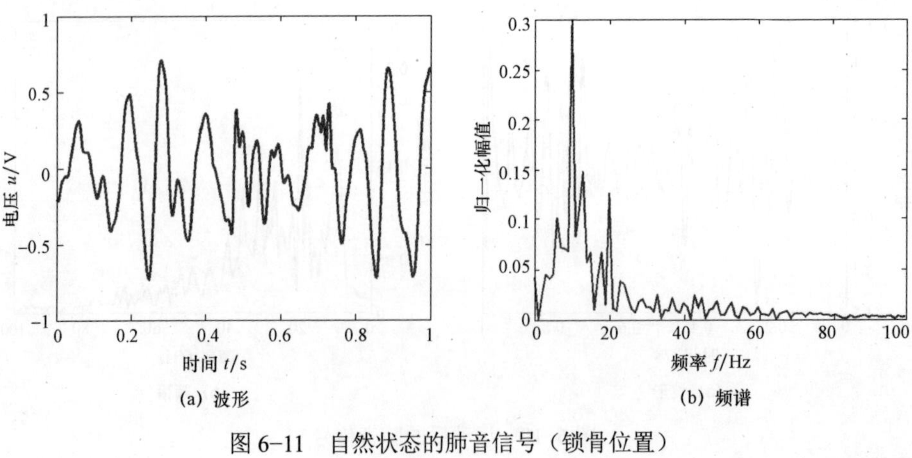

(a) 波形　　(b) 频谱

图 6-11　自然状态的肺音信号（锁骨位置）

6.4　脉搏信号检测

心脏有节律地收缩、舒张将血液泵入动脉血管，由于血管是弹性的腔体，血液进入血管中流动从而形成脉搏波。脉搏信号包含大量的生理信息，其周期、峰值、形状、波形特征量等信息与人体生理病理信息如心律、心血管状态、动脉硬化程度、血管健康状态等密切相关[34]。

脉诊是我国最早创用的独特诊断方法，在临床诊断上具有十分重要的价值。长期以来，中医一直是靠手指的感觉来获取和分辨脉象，因而存在一些主观臆断因素。人们渴望对中医脉象能有一个客观、定量的辨识标准，以便更细致、更科学地揭示脉象的实质与特征过程[35]。

为了揭开脉诊的科学本质和脉搏的作用机理，人们开展了中医工程化研究。目前工作主要是从力学角度建立局部模型来研究脉搏的传播特性。由于对生理系统只有在整体的背景下进行研究才有意义，加之近年来新的信号检测与分析技术的出现，许多学者开始致力于从信号检测与系统辨识角度研究人体生理系统的特性。因此，从信号检测的角度研究人体脉搏系统的特性，有重要的理论意义和实用价值。

6.4.1　实验目的

（1）掌握脉搏信号采集方法。

（2）理解脉搏信号波形和频谱特点。

（3）了解脉搏信号特征点识别方法。

6.4.2　实验原理

脉搏信号产生的机制主要有心脏的泵血作用和动脉血管的弹性响应。心脏是脉搏产生的动力源。当心脏的心室收缩时，会将血液泵入主动脉和肺动脉。以左心室为例，在收缩期，左心室肌强烈收缩，室内压急剧升高，当室内压超过主动脉压时，主动脉瓣开放，血液被快速泵入主动脉。这种血液的突然冲击和充盈使得主动脉内的压力和容积迅速增加，从而产生了脉搏的起始动力。就好像是一个水泵将水强力地泵入管道，水流对管道产生的冲击力开启了脉搏信号的源头。

主动脉和各级动脉血管具有弹性。当心脏泵血使动脉内压力升高时，动脉管壁会相应地扩张以容纳增加的血液量。这种弹性扩张类似于气球被充气时的变化。而在心脏舒张期，心室停止泵血，动脉血管依靠自身的弹性回缩，推动血液继续向前流动，维持血液在血管中的连续流动，同时也使得动脉内的压力和容积发生周期性的变化，这就形成了脉搏波。

脉搏信号的传导机制主要有：压力传导、血液流动的连续性及血管壁的振动传导。动脉系统是一个封闭的管道系统。心脏产生的压力波沿着动脉管壁向周围传播，就像在一连串紧密相连的弹簧中，一端受到压力，这个压力会依次传递到后面的弹簧。从主动脉开始，压力波逐渐传播到各级分支动脉，如颈动脉、桡动脉等。在传导过程中，虽然压力会随着距离的增加和血管分支的增多而逐渐衰减，但仍然能够保持其基本的节律和波形特征，使得人们可以在体表的动脉处（如手腕部的桡动脉）检测到脉搏信号。

血液的黏滞性和连续性也有助于脉搏信号的传导。血液在血管中是连续流动的，当心脏的搏动推动血液前进时，这种动力会通过血液分子之间的相互作用，像多米诺骨牌一样传递下去。同时，血管壁的光滑度、血管的直径等因素也会影响血液流动的阻力，进而影响脉搏信号的传导。例如，血管狭窄处会使血流速度加快，对脉搏信号的传导产生一定的影响，可能会导致局部脉搏波形的改变。

动脉管壁在压力变化下产生的振动也是脉搏信号传导的一个重要方式。当动脉内压力升高或降低时，血管壁会随之扩张或回缩，这种机械振动会沿着血管壁向远处传播。这就好比是一根振动的绳子，振动会沿着绳子的长度方向传递。血管壁的这种振动传导与压力传导和血液流动相互配合，使得脉搏信号能够有效地在血管系统中传导。

脉搏信号同样为周期信号，取一个周期的脉搏信号波形如图 6-12 所示，主要由上升支和下降支组成。根据心脏泵血和血液在血管中传播的过程可将脉搏波分为 7 个特征点，即 a、b、c、d、e、f、g。其中，bc 段为上升支，这时主动脉打开，心脏将血液泵入到主动脉使得主动脉的压力增加，脉搏曲线升至 c 点，c 点是整个脉搏波的波峰。随后血液由心脏的左心房泵出，形成一个潮波 de 段，d 点是潮波点的波谷。之后，右心房打开将血液反弹形成一个波谷 f 点。g 点是重搏波的波峰，这是由心脏的舒张所引起的。脉搏的整个周期为 T，代表整个心脏的一次收缩和舒张，T_c、T_d 和 T_g 分别代表达到相应特征点的时间，h_c、h_e 和 h_g 分别表示波峰、潮波和重搏波的幅值。医学诊断中广泛使用脉搏的特征点，如 b–f 段代表心脏的收缩期，f–b' 段代表心脏的舒张期。

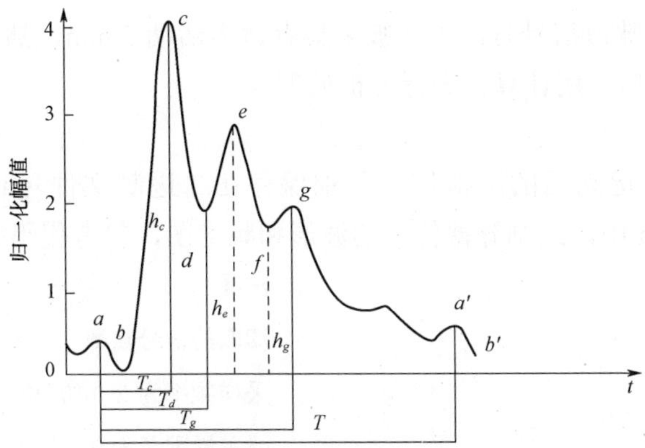

图 6-12 脉搏信号波形

6.4.3 实验任务

1. 数据采集

选择一个安静的采集环境，关闭可能产生噪声的设备。被采集者应穿着宽松衣物，采集前保持身心状态稳定。本次实验采集自然状态和运动后的脉搏信号进行分析。脉搏信号采集位置选择桡动脉处，桡动脉位于手腕的拇指侧，位置比较表浅，易于触及。

自然状态采集脉搏信号时，让被采集者坐下，并自然伸展手臂，将手腕放置于一个舒适的支撑物上，然后将 CM-01 接触式传感器轻轻放置在桡动脉搏动最为明显的位置。设置好参数后开始采集，采集过程中被采集者应保持安静，如图 6-13 所示。

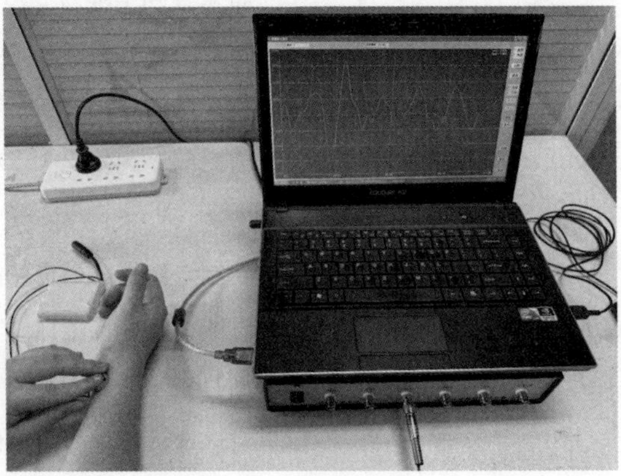

图 6-13 脉搏信号采集

运动后采集脉搏信号时，先让被采集者适当活动 5 min，然后再采集脉搏信号。采集完数据后，用计算机进行分析处理。

2. 信号处理

自然状态和运动后的脉搏信号分别保存在二进制文件 pulse_normal.dat、pulse_exercise.dat 中，绘制脉搏信号的波形和频谱图，参考代码如下：

代码	注释
`N=40960;`	读取的信号点数
`fs=2000;`	采样频率为 2 000 Hz
`M=4;`	降采样因子为 4
`f_id=fopen('pulse_normal.dat','r');`	使用 fopen 函数以只读的方式打开文件(这里以自然状态的脉搏信号文件为例)
`x=fread(f_id,40960,'int16');`	读取文件中的所有数据,精度为 16 位
`fclose(f_id);`	关闭文件
`x=x/65536*10;`	转换为电压值,小数表示
`x=x/(2^0);`	恢复为程控增益放大前的电压
`x=x-mean(x);`	去除直流分量
`y1=decimate(x,M,'fir');`	对脉搏信号进行降采样
`frag=1617:2116;`	确定索引范围为 1 617～2 116 之间的 500 个点
`y=y1(frag);`	
`fs=fs/M;`	将采样频率降为 500 Hz
`N=length(y);`	信号长度为 N
`t=0:N-1;`	创建时间序列
`t=t/fs;`	将时间序列转化为以秒为单位
`figure();`	
`plot(t,y);`	绘制选定的脉搏信号的波形图
`xlabel('时间 t/s');ylabel('电压 u/V');`	设置横纵坐标轴标注
`f=(0:N-1)* fs/N;`	创建频率序列
`Y=fft(y);`	对选定信号进行快速傅里叶变换
`Y=abs(Y);`	计算频谱幅度
`figure();`	

```
plot(f(1:N/2),Y(1:N/2));                   绘制频谱图
xlim([0,100]);                             限定频率范围为 100 Hz
xlabel('频率 f/Hz');ylabel('归一化幅值     设置横纵坐标轴标注
');
```

对采集到的脉搏信号进行降采样、截取，并绘制其波形和频谱，如图 6-14 所示。在脉搏信号的时域图中，整个脉搏信号的一个周期为 T 波。脉搏起搏点 a–g 突出，最容易检测出来的特征点是峰值特征点 c 和主动脉瓣膜打开时的特征点 b。脉搏信号的频谱为离散谐波谱，12 Hz 为脉搏的基频，2、3 次谐波明显；并且随着谐波频率增加，谐波幅值逐渐降低。

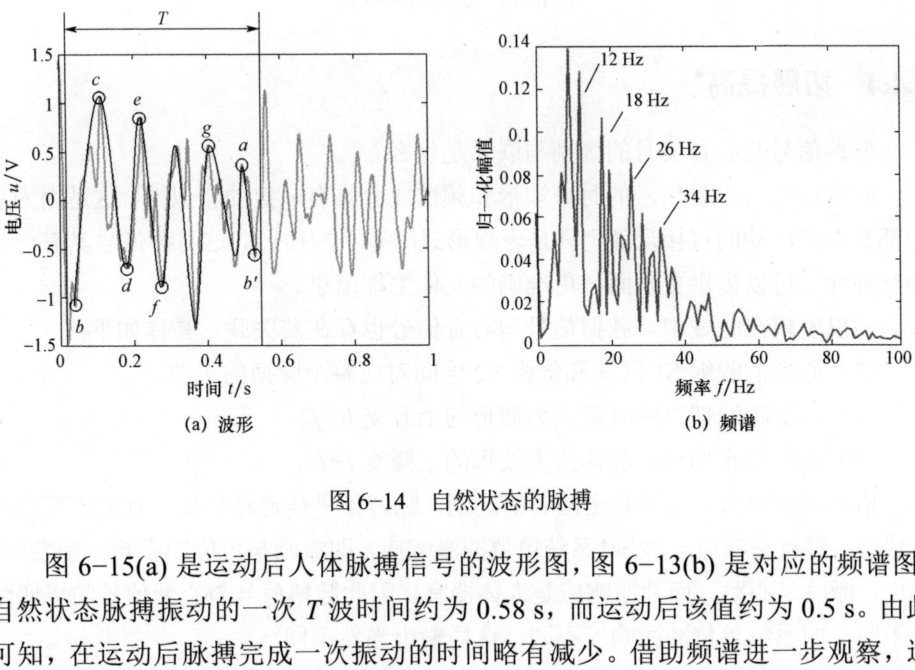

图 6-14　自然状态的脉搏

图 6-15(a) 是运动后人体脉搏信号的波形图，图 6-13(b) 是对应的频谱图。自然状态脉搏振动的一次 T 波时间约为 0.58 s，而运动后该值约为 0.5 s。由此可知，在运动后脉搏完成一次振动的时间略有减少。借助频谱进一步观察，运动后相比自然状态，脉搏振动频率加快，谐波成分增加，高频 40～60 Hz 突出。

在运动后，脉搏信号的频率和振幅会随着心率的加快和血压的升高而变化。脉搏信号在运动后出现的明显变化，反映了人体在生理活动中的动态特性。

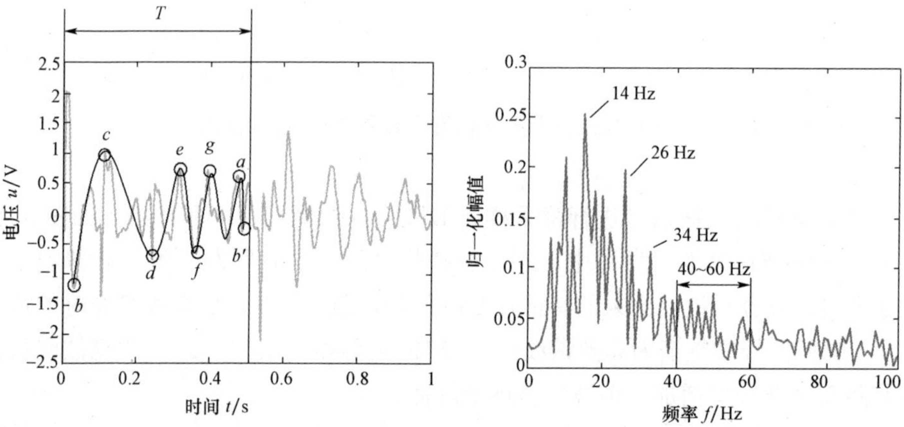

(a) 波形　　(b) 频谱

图 6-15　运动后的脉搏

6.4.4　拓展提高

脉搏信号与心音信号的区别与联系是什么？

脉搏信号与心音信号的时域波形和频谱成分具有一定的相似性，这是因为它们都是心脏活动的直接反映，只是表现形式略有不同而已。这两种信号具有一定的互补性，可以提供更全面、更准确的人体生理信息。

可以发现在时域中，脉搏信号与心音信号也存在着关联，具体如下：

（1）心音的收缩 S1 区间和舒张 S2 区间对应整个脉搏的 T 波。

（2）心脏收缩期对应脉搏压力波形的上升支 b–f。

（3）心脏舒张期对应脉搏压力波形的下降支 f–b'。

借助频谱分析，可以看出两者的区别，脉搏信号传递路径长，有更丰富的频率成分。零状态响应 = 激励*系统单位冲激响应，即激励与单位冲激响应做卷积。其中，激励是心跳，而冲激响应是人体器官。因此脉搏信号与心音信号的传递路径不同，即系统单位冲激响应不同。这样输出当然不同。

第7章

信号生成

在研制、生产、使用、测试、维修电子元器件和设备时，都需要使用信号源，以产生不同频率、不同波形的电压、电流信号并加到被测器件或设备上，用其他测量仪器观察、测量被测试者的输出响应，以分析确定性能、参数。这种提供测试用电信号的装置统称为信号发生器[36]。

信号发生器应用广泛，种类型号繁多，性能各异，主要分类方法如下：

按频率范围分类：超低频信号发生器、低频信号发生器、视频信号发生器、高频信号发生器、甚高频信号发生器、超高频信号发生器。

按输出波形分类：根据使用要求，信号发生器可以输出不同波形的信号，典型波形包括正弦波、矩形波、锯齿波等。按输出波形特征，信号发生器可以分为正弦信号发生器和非正弦信号发生器。非正弦信号发生器又包括脉冲信号发生器、函数信号发生器、扫频信号发生器、噪声信号发生器等。

以上信号发生器的基本原理是由积分电路和触发电路产生三角波和方波，然后通过函数转换器，将三角波整形为正弦波。而用数模转换器（DAC）生成信号的原理完全不同，其工作原理是将数字信号转换为模拟信号。这个过程可以分为两个步骤：数字量化和模拟重构。数字量化是将连续的模拟信号转换为离散的数字信号。在数字量化中，模拟信号经过采样和量化两个步骤，最终得到一个二进制数字序列。采样是指对模拟信号进行时间上的离散化，将其转换为一系列离散的样本。量化是指将每个样本映射到最近的离散值，这些离散值用二进制数字表示。模拟重构是将离散的数字信号转换为连续的模拟信号。在模拟重构中，数字信号经过数模转换器（DAC）的处理，输出一个与输入数字信号相应的模拟信号。这个过程可以通过使用一个数字信号的加权和来实现。加权和的权重由数字信号的每个比特位控制，每个比特位的值都对应一个模拟电压或电流。在数模转换器中，每个比特位的电压或电流通过运放等电路来实现加权和，得到最终的模拟输出信号。

上述原理说明，只要有数字信号，就可以通过模数转换器转换成模拟信号输出。任意想要输出的信号，只要能得到数字信号，就能生成模拟信号，这是通过数模转换产生信号的突出优点。缺点是数模转换需要连接计算机，与计算机同时使用；此外，获取数字信号受采样定理等的限制。下面对抽样做简要说明。

7.1 连续时间信号采样

7.1.1 采样定理

通过时域抽样，将连续信号 $x(t)$ 变成数字信号 $x(nT_s)$，将 $x(t)$ 的傅里叶变换 $X(\mathrm{j}\Omega)$ 变成 $X(\mathrm{e}^{\mathrm{j}\omega})$。显然要关心：$x(nT_s)$ 是否包含 $x(t)$ 的全部信息？$X(\mathrm{e}^{\mathrm{j}\omega})$ 和 $X(\mathrm{j}\Omega)$ 是什么关系？如何由 $x(nT_s)$ 恢复出 $x(t)$？这几个问题，是数字信号处理中的基本问题。信号的抽样理论是连接离散信号和连续信号的桥梁，也是进行离散信号处理与离散系统设计的基础[5]。

由图 7-1 可知，抽样就是构造离散信号 $x(n)$，使得 $x(n)$ 在 nT_s 点的幅值等于连续信号的抽样值 $x(t)p(t)$，即

$$x(n)=x(nT_s)=x(t)\Big|_{t=nT_s}=x(t)p(t) \tag{7-1}$$

式中

$$p(t)=\sum_{n=-\infty}^{\infty}\delta(t-nT_s) \tag{7-2}$$

是图 7-1(b)所示的冲激串，它是时域的周期信号，周期为 T_s。

式（7-1）是理想化的抽样数字模型，即 A/D 转换器的转换时间为零。根据离散傅里叶变换与离散时间傅里叶变换的定义，有

$$X_a(\mathrm{j}\Omega)=\int_{-\infty}^{\infty}x_a(t)\mathrm{e}^{-\mathrm{j}\Omega t}\mathrm{d}t \tag{7-3}$$

$$X(\mathrm{e}^{\mathrm{j}\omega})=\sum_{n=-\infty}^{\infty}x(nT_s)\mathrm{e}^{-\mathrm{j}\omega n} \tag{7-4}$$

$x_a(t)$、$X_a(\mathrm{j}\Omega)$、$p(t)$ 示于图 7-1(a)、(b)中，图中假定 $X_a(\mathrm{j}\Omega)$ 的最高频率为 Ω_c。以下分析 $X_a(\mathrm{j}\Omega)$ 和 $X(\mathrm{e}^{\mathrm{j}\omega})$ 之间的关系。

由离散时间傅里叶变换的性质可知，两个离散信号时域相乘，其频域对应卷积。连续时间信号同样也有这一性质。

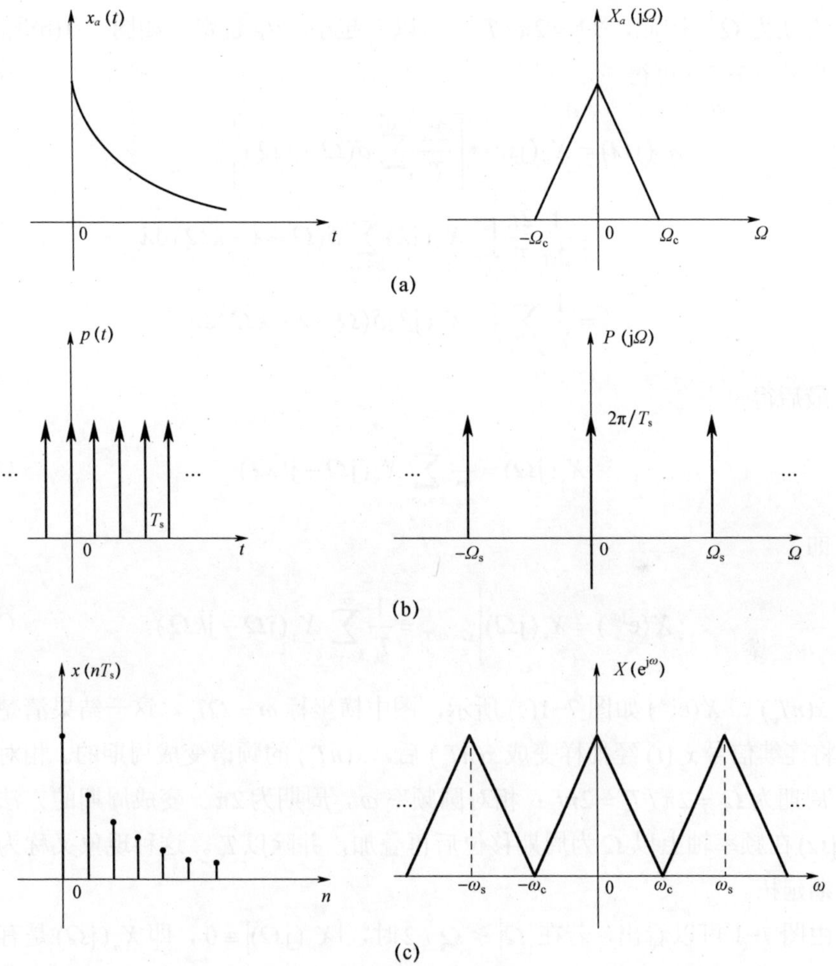

图 7-1　采样定理的图形导出

将 $x(nT_s)$ 也视为连续信号，其傅里叶变换记为 $X_s(\mathrm{j}\Omega)$，显然

$$X(e^{\mathrm{j}\omega}) = X_s(\mathrm{j}\Omega)\Big|_{\Omega=\omega/T_s}$$

令 $P(\mathrm{j}\Omega)$ 为 $p(t)$ 的傅里叶变换，则

$$X_s(\mathrm{j}\Omega) = X_a(\mathrm{j}\Omega) * P(\mathrm{j}\Omega) \tag{7-5}$$

冲激串 $p(t)$ 的傅里叶变换

$$P(\mathrm{j}\Omega) = \frac{2\pi}{T_s}\sum_{k=-\infty}^{\infty}\delta(\Omega - k\Omega_s) \tag{7-6}$$

由此可以看出，$p(t)$ 的傅里叶变换也是一个脉冲序列，其强度为 $2\pi/T_s$，频

域的周期为Ω_s。因此，$\Omega_s = 2\pi / T_s$，所以T_s越小，Ω_s越宽，如图 7-1(b)所示。

由式（7-5）可得

$$\begin{aligned} X_s(j\Omega) &= X_a(j\Omega) * \left[\frac{2\pi}{T_s}\sum_{k=-\infty}^{\infty}\delta(\Omega - k\Omega_s)\right] \\ &= \frac{1}{2\pi}\frac{2\pi}{T_s}\int_{-\infty}^{\infty} X_a(j\lambda)\sum_{k=-\infty}^{\infty}\delta(\Omega - \lambda - k\Omega_s)\,d\lambda \\ &= \frac{1}{T_s}\sum_{k=-\infty}^{\infty}\int_{-\infty}^{\infty} X_a(j\lambda)\delta(\Omega - \lambda - k\Omega_s)\,d\lambda \end{aligned}$$

最后得

$$X_s(j\Omega) = \frac{1}{T_s}\sum_{k=-\infty}^{\infty} X_a(j\Omega - jk\Omega_s) \tag{7-7}$$

即

$$X(e^{j\omega}) = X_s(j\Omega)\Big|_{\Omega=\omega/T_s} = \frac{1}{T_s}\sum_{k=-\infty}^{\infty} X_a(j\Omega - jk\Omega_s) \tag{7-8}$$

$x(nT_s)$、$X(e^{j\omega})$如图 7-1(c) 所示，图中横坐标$\omega = \Omega T_s$。这一结果清楚地展示，将连续信号$x_a(t)$经抽样变成$x(nT_s)$后，$x(nT_s)$的频谱变成周期的。相对频率Ω，周期为$\Omega_s = 2\pi / T_s = 2\pi f_s$；相对圆频率$\omega$，周期为$2\pi$。变成周期的方法是将$X_a(j\Omega)$在频率轴上以$\Omega_s$为周期移位后再叠加，并除以$T_s$。这种现象又称为频谱的周期延拓。

由图 7-1 可以看出，若在$|\Omega| \geqslant \Omega_s / 2$时，$|X_a(j\Omega)| \equiv 0$，即$X_a(j\Omega)$是有限带宽的，那么做周期延拓后，$X_s(j\Omega)$的每一个周期都等于$X_a(j\Omega)$（差一倍数$1/T_s$）。反之，若$T_s$过大，或者$X_a(j\Omega)$本身就不是有限带宽的，那么做周期延拓后将要发生频域的“混叠”（aliasing）现象，以致一个周期中的$X_s(j\Omega)$不等于$X_a(j\Omega)$。这样就无法由$x(nT_s)$恢复出$x_a(t)$。这样引出信号的采样定理：

若连续信号$x(t)$是有限带宽的，其频谱的最高频率为f_c，对$x(t)$抽样时，若保证抽样频率

$$f_s \geqslant 2f_c \qquad (\text{或}\Omega_s \geqslant 2\Omega_c, \text{或}T_s \leqslant \pi / \Omega_c) \tag{7-9}$$

那么，可由$x(nT_s)$恢复出$x(t)$，即使$x(nT_s)$保留了$x(t)$的全部信息。

7.1.2 信号的重建

以上分析了$X_a(j\Omega)$和$X(e^{j\omega})$的关系及如何使$x(nT_s)$保持$x(t)$的全部信息的

问题，现在从数学上讨论如何由 $x(nT_s)$ 恢复出 $x_a(t)$。假定 $f_s \geqslant 2f_c$，即没有发生混叠，如图 7-1(c) 所示。

设有一理想低通滤波器，其频率响应是

$$H(\mathrm{j}\Omega)=\begin{cases}T_s & |\Omega|\leqslant \Omega_s/2 \\ 0 & |\Omega|>\Omega_s/2\end{cases}$$

令 $x(nT_s)$ 通过该低通滤波器，其输出为 $y(t)$，由离散时间傅里叶变换的性质，得频域关系

$$X_s(\mathrm{j}\Omega)H(\mathrm{j}\Omega)=Y(\mathrm{j}\Omega)$$

由图 7-2 可以看出，$H(\mathrm{j}\Omega)$ 与 $X_s(\mathrm{j}\Omega)$ 相乘的结果是截取了 $X_s(\mathrm{j}\Omega)$ 的一个周期，于是

$$Y(\mathrm{j}\Omega)=T_s X_s(\mathrm{j}\Omega)=X_a(\mathrm{j}\Omega)$$

$H(\mathrm{j}\Omega)$ 对应的单位抽样响应

$$h(t)=\frac{1}{2\pi}\int_{-\Omega_s/2}^{\Omega_s/2}T_s \mathrm{e}^{\mathrm{j}\Omega t}\mathrm{d}\Omega=\frac{\sin(\Omega_s t/2)}{\Omega_s t/2}$$

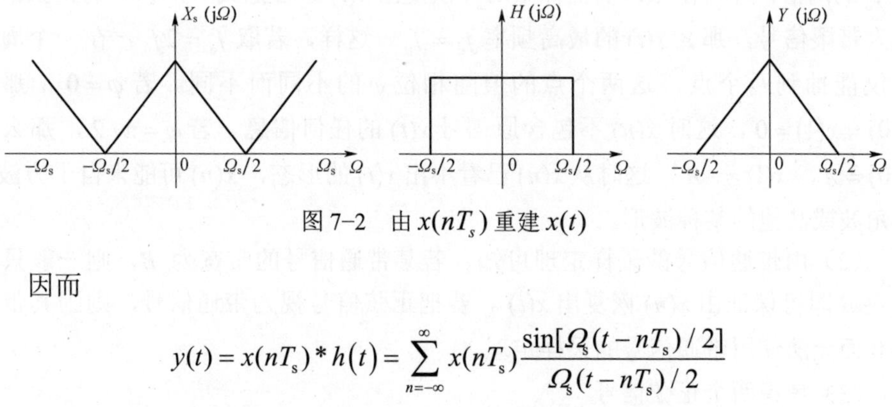

图 7-2　由 $x(nT_s)$ 重建 $x(t)$

因而

$$y(t)=x(nT_s)*h(t)=\sum_{n=-\infty}^{\infty}x(nT_s)\frac{\sin[\Omega_s(t-nT_s)/2]}{\Omega_s(t-nT_s)/2}$$

因为 $Y(\mathrm{j}\Omega)=X_a(\mathrm{j}\Omega)$，所以 $y(t)$ 也应等于 $x_a(t)$，由 $\Omega_s=2\pi/T_s$，有

$$x_a(t)=\sum_{n=-\infty}^{\infty}x(nT_s)\frac{\sin[\pi(t-nT_s)/T_s]}{\pi(t-nT_s)/T_s}$$

此式即由抽样后的离散信号重建原信号的公式。不难发现，这是一个插值公式，插值函数为 sinc 函数，插值间距为 T_s，权重为 $x(nT_s)$。只要满足采样定理，那么，由无穷多加权 sinc 函数移位后的和即可重建出原信号。

在工程实际中，将离散信号变成模拟信号通过数模转换器来实现。

7.2 几种特殊情况

采样定理是选择抽样频率的依据，适用于窄带信号。但是对于频带无穷窄的正弦信号和频带无穷宽的白噪声信号抽样需要特殊处理，下面分别说明。

1. 正弦信号抽样

正弦信号无论在理论研究上，还是在工程实际上都有着广泛的应用。例如，在信号处理中，人们常常把正弦信号加上白噪声作为实验信号，以检验某个算法或数字装置的性能。因此，不可避免地要遇到正弦信号的抽样问题。

设正弦信号

$$x(t)=A\sin(2\pi f_0 t+\varphi) \tag{7-10}$$

由于式（7-10）的正弦信号的频谱是在 $\pm f_0$ 处的 δ 函数，这一特点决定了对正弦信号抽样时将会遇到一些特殊的现象，现分别予以说明。

（1）按采样定理，对带限信号，只要保证抽样频率 f_s 大于或等于信号最高频率 f_c 的两倍，即可由 $x(t)$ 的抽样 $x(nT_s)$ 恢复出 $x(t)$。若把式（7-10）的正弦信号视为带限信号，那么 $x(t)$ 的最高频率 $f_c=f_0$。这样，若取 $f_c=2f_0$，在一个周期内仅能抽到两个点，这两个点的值随相位 φ 的不同而不同。若 $\varphi=0$，那么 $x(0)=x(1)=0$，这时 $x(n)$ 不包含原信号 $x(t)$ 的任何信息。若 $\varphi=\pi/2$，那么，$x(0)=A$，$x(1)=-A$，这时从 $x(n)$ 已看不出 $x(t)$ 的形态，$x(n)$ 可能来自于方波、三角波或其他的某种波形。

（2）由带通信号的采样定理可知，若某带通信号的带宽为 B，则一般只需 $f_s\geqslant B$ 即可保证由 $x(n)$ 恢复出 $x(t)$。若把正弦信号视为带通信号，则因其带宽 B=0 而无法使用带通信号的采样定理。

（3）考虑两个正弦信号

$$x_1(t)=\cos(2\pi f_1 t),\qquad f_1=20\,\text{Hz}$$
$$x_2(t)=\cos(2\pi f_2 t),\qquad f_2=100\,\text{Hz}$$

现以 $f_s=80\,\text{Hz}$ 对这两个信号抽样。由于 $f_s=4f_1$，$f_s<2f_2$，因此，对 $x_1(t)$ 应能满足采样定理，对 $x_2(t)$ 不满足，但抽样后的结果是

$$x_1(t)=\cos(2\pi\times 20n/80)=\cos(\pi n/2)$$
$$x_2(t)=\cos(2\pi\times 100n/80)=\cos(5\pi n/2)=\cos(\pi n/2)$$

它们都是以 $\{1,0,-1,0\}$ 这四点序列作基本周期的离散周期信号。这样，将无

法从抽样后的结果判断它们究竟是来自于 $x_1(t)$ 还是 $x_2(t)$ 。

（4）当用计算机实际处理一个信号时，信号的长度 N 总是有限的，因此，对式（7-10）无限长的周期信号不可避免地要遇到截短问题，即 $x_d(n)=x(n)d(n)$ ，$d(n)$ 为窗函数。这样 $x_d(n)$ 的频谱

$$X_d(\mathrm{e}^{\mathrm{j}\omega})=X(\mathrm{e}^{\mathrm{j}\omega})*D(\mathrm{e}^{\mathrm{j}\omega}) \tag{7-11}$$

因此 $X(\mathrm{e}^{\mathrm{j}\omega})$ 是 δ 函数，若 $d(n)$ 是矩形窗，那么 $D(\mathrm{e}^{\mathrm{j}\omega})$ 为频域的 sinc 函数。卷积的结果，$X_d(\mathrm{e}^{\mathrm{j}\omega})$ 将变成中心频率分别在 $\pm f_0$ 处的两 sinc 函数的叠加，即不可避免地发生了频域能量的泄漏。理论上讲，N 越大，$D(\mathrm{e}^{\mathrm{j}\omega})$ 越接近 δ 函数，$X_d(\mathrm{e}^{\mathrm{j}\omega})$ 中的泄漏越小。

鉴于上述现象，当要对正弦信号做数字信号处理时，必须考虑如下两个问题：第一，采样定理对正弦信号是否适用？若适用，条件是什么？第二，式（7-11）的泄漏是否不可避免？数据 N 的长度应如何选择？对正弦信号抽样时应遵循的几个准则[37]如下：

① 抽样频率 f_s 应为正弦信号频率 f_0 的整数倍。

② 对正弦信号截短后的长度 N 应包含完整的周期。

③ 每一个周期至少采样到 4 个点，或为 2 的整次幂。

④ 对正弦信号截短后不要再补零。

⑤ 当信号中包含多个正弦信号时，要令其中频率最高的正弦信号满足上述准则。

需要指出是，对正弦信号抽样时，一个周期内抽 4 个点，可以保证当用 DFT 做频谱分析时，频域不会发生泄漏。抽样信号保留了原来信号的全部频率特征，但是从时域看信号并不“光滑”，而是“三角波”。如果希望信号的波形更加接近正弦信号，需要进一步提高抽样频率，一个周期抽 8 个点或 16 个点。

2. 白噪声信号产生

白噪声信号的频带无限宽，因此白噪声信号不能通过抽样的方法获取。MATLAB 中 rand(N)函数可以用来产生 N 个均值为 0.5、功率约为 1/12、幅值在 0～1 均匀分布的伪随机数 $u(n)$。如果希望产生均值为零的白噪声，只需要减去均值即可。调整幅值可以得到不同功率的白噪声信号。设 P 是希望的功率，按式（7-12）求出常数 a，并将 a 乘以 $u(n)$即可。

$$a=\sqrt{12P} \tag{7-12}$$

rand(N)函数产生均值为零、方差为 1、服从高斯分布的白噪声信号 $u(n)$，改变功率的方法相同，根据式（7-13）调整幅值。

$$a = \sqrt{P} \tag{7-13}$$

需要指出的是，MATLAB 产生的伪随机数，因软件版本、计算机型号不同，不能保证每次生成的序列完全一样。如果需要生成严格一致的伪随机序列，可参考文献[38-39]内容。

7.3 信号生成实验

UA378 数据采集器提供了 6 个函数，借助这 6 个函数，可以实现任意波形输出。有以下两种输出方式：

（1）循环输出：将缓存中数据自动循环输出，形成周期波形，不需再补充数据。

（2）连续输出：将缓存中数据输出，不断检测数据存储器的状态，在数据存储器小于半满时，向缓存写入数据，可生成任意连续数据波形。

7.3.1 实验目的

（1）掌握 DAC 的使用方法。

（2）掌握周期信号产生方法。

（3）掌握非周期信号产生方法。

7.3.2 实验任务

（1）输出设定频率和幅值的正弦波、方波、三角波和白噪声信号。

（2）采集好的信号保存在计算机磁盘中，将信号输出，重新采集信号，对比分析。

7.3.3 实验结果

如图 7-3、图 7-4 所示。

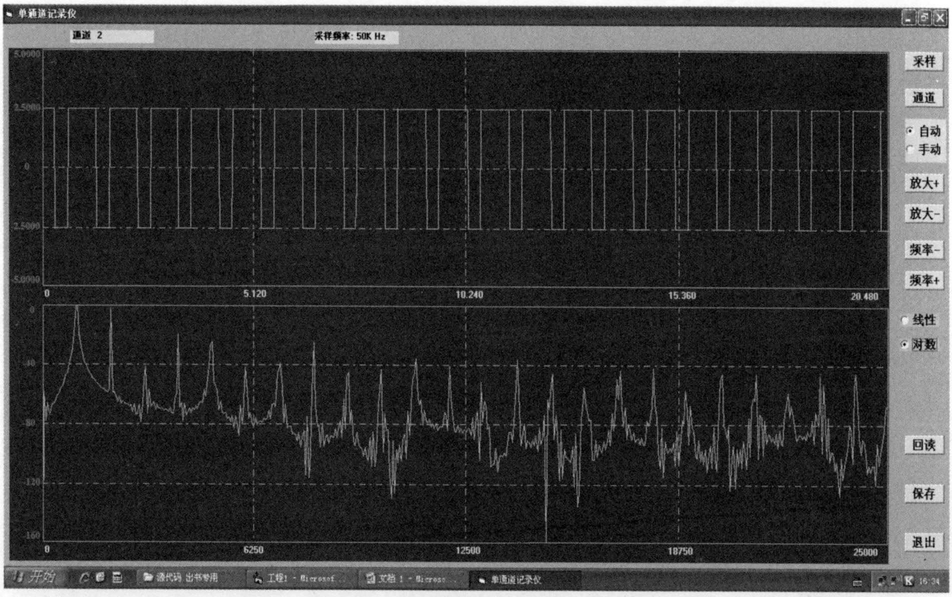

图 7-3　DAC 输出频率 1 000 Hz 的方波信号

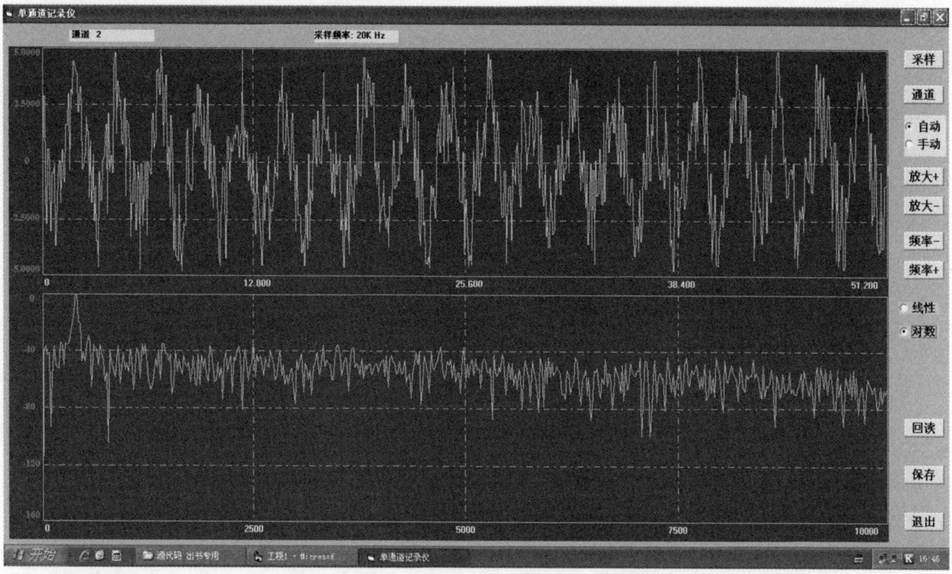

图 7-4　DAC 输出采集好的轴承噪声信号

7.3.4　拓展提高

思考题：基于 DAC 的信号发生器的优点和缺点。

优点：可以产生任意波形信号，将保存的信号无限次重复输出，这些特点是传统信号发生器所不具备的。

缺点：与计算机连接才能使用；时域采集信号波形输出，波形的精度受一个周期内抽样点数的影响。在抽样点数较少时，精度不如传统信号发生器。

第8章

薄板锤击实验

本章设计了一个系统分析实验：用力锤敲击薄板，测量激振力（激励）和薄板振动加速度（响应），采用输入输出法分析薄板振动系统。

薄板是研究工程振动问题的典型对象。重点是研究振动系统、其所受的各种激励及所产生的响应这三者之间的关系。

8.1 振动系统对激励的响应

8.1.1 振动系统及其描述[40]

1. 振动系统

实际的机械系统通常是由若干个零部件组成、彼此协同作用的一个集合体，如机械设备、运输工具、仪器仪表、建筑结构等都是机械系统的例子。为了研究实际机械系统的振动特性，要用一个较为简化的物理模型来表征它们，然后利用各种力学原理和定理建立描述物理模型的数学表达式。如果求解这些表达式得到的振动特性在一定程度上与从实际机械系统观测得到的特性相符合，那么这个模型就认为是可靠的；否则就需要对它进行修正，直至满足一定要求为止。

研究实际机械系统的振动特性所采用的这类物理模型，称为振动系统。作为实际机械系统的抽象化模型，振动系统都具有一定的质量（或惯性）和弹性（或刚性）。因为有质量，它在发生运动时就具有动能；因为有弹性，它在发生变形时就具有势能。两种能量之间不断地变换，从而使系统的振动得以继续下去。

实际的系统一般还存在一定的内部或外部的阻力，称为内外阻尼，阻尼通常消耗能量使振动逐渐衰减。有时为了说明问题方便，需要一种理想化情况，这时才把系统抽象化为无阻尼系统。通常系统还受到外力的作用，如持续的交变力或瞬态的冲击等，这是系统发生振动的外部条件，称为激励。系统所发生的振动称为系统对激励的响应。

线性振动系统可以用线性微分方程来描述。对于线性系统，叠加原理成立，因而可以把一个复杂的问题分解为几个较简单的问题来求解。虽然实际的机械系统或多或少都包含非线性因素，然而在微幅振动的假设下，绝大多数系统都可近似地简化为线性系统来处理。

2. 离散系统、连续系统

振动系统按决定其位形所需独立坐标的数目分为单自由度系统（需一个独立坐标）、多自由度系统（需多个独立坐标）及连续体系统（需无限多个坐标或几个函数），前两者统称为离散化系统，现分别简述如下。

1）离散化振动系统

离散化振动系统的力学参数，如质量、刚度、阻尼等具有集总的性质，其运动可用常微分方程来描述。

图 8-1 所示的简谐振子是单自由度振动系统最简单的例子。选取图示坐标系，系统的位置由一个独立坐标 x 所决定，时间 t 是唯一的自变量。系统的质量、弹性和阻尼分别集中于质量块、弹簧和阻尼器。

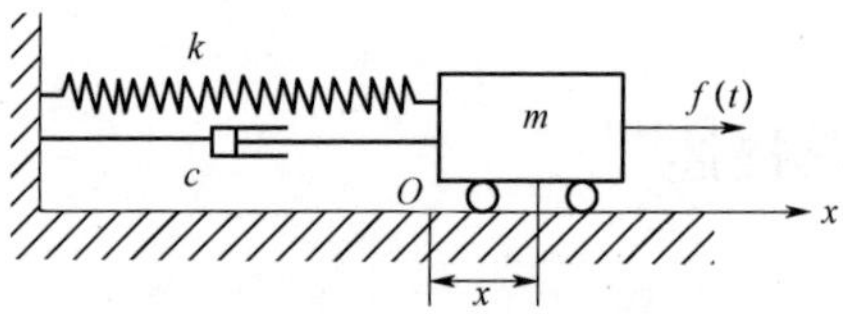

图 8-1　单自由度振动系统

利用牛顿第二定律，得到质量块的运动微分方程式，它是一个二阶常微分方程式

$$m\ddot{x}+c\dot{x}+kx=f(t) \tag{8-1}$$

式中：m 为质量块的质量，kg；k 为弹簧的刚度系数，N/m；c 为阻尼器的阻力系数，(N•s)/m；$f(t)$ 为作用在质量块上的外力，N。许多实际机械系统的振动在一定程度上可以用单自由度振动系统的模型来描述。

离散化振动系统中较复杂的是多自由度振动系统。图 8-2 所示为两自由度振动系统，描述其运动需两个独立的坐标 x_1、x_2，其运动微分方程是一个二阶常微分方程组

$$\begin{cases} m_1\ddot{x}_1+(c_1+c_2)\dot{x}_1-c_2\dot{x}_2+(k_1+k_2)x_1-k_2x_2=f_1(t) \\ m_2\ddot{x}_2-c_2\dot{x}_1+(c_2+c_3)\dot{x}_2-k_2x_1+(k_2+k_3)x_2=f_2(t) \end{cases} \tag{8-2}$$

式中：m_1、m_2为质量块的质量，kg；k_1、k_2、k_3为各连接弹簧的刚度，N/m；c_1、c_2、c_3为各阻尼器的阻力系数，(N•s)/m；$f_1(t)$、$f_2(t)$为作用在质量块上的外力，N。式（8-2）可以写成矩阵形式

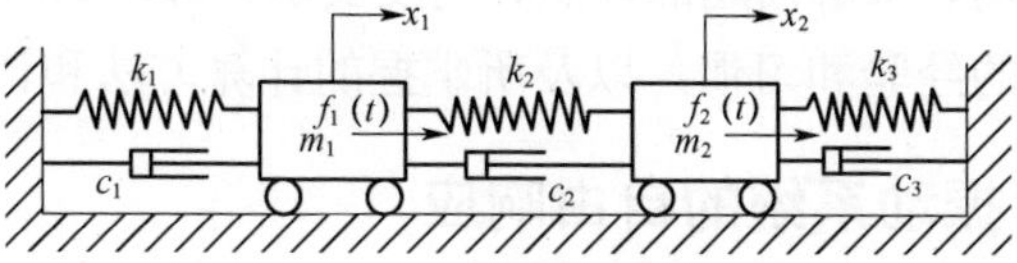

图 8-2　两自由度振动系统

$$\begin{bmatrix} m_1 & 0 \\ 0 & m_2 \end{bmatrix}\begin{Bmatrix} \ddot{x}_1 \\ \ddot{x}_2 \end{Bmatrix}+\begin{bmatrix} c_1+c_2 & -c_2 \\ -c_2 & c_2+c_3 \end{bmatrix}\begin{Bmatrix} \dot{x}_1 \\ \dot{x}_2 \end{Bmatrix}+\begin{bmatrix} k_1+k_2 & -k_2 \\ -k_2 & k_2+k_3 \end{bmatrix}\begin{Bmatrix} x_1 \\ x_2 \end{Bmatrix}=\begin{Bmatrix} f_1(t) \\ f_2(t) \end{Bmatrix}$$

或者简写成

$$[m]\{\ddot{x}\}+[c]\{\dot{x}\}+[k]\{x\}=\{f(t)\} \tag{8-3}$$

对于一个N自由度的振动系统，$[m]$、$[c]$、$[k]$都是$N\times N$的实数矩阵，分别称为系统的质量矩阵、阻尼矩阵和刚度矩阵。$\{\ddot{x}\}$、$\{\dot{x}\}$、$\{x\}$都是$N\times 1$列矩阵，分别称为系统的加速度矢量、速度矢量和位移矢量。$\{f(t)\}$也是$N\times 1$列矩阵，称为激励力矢量。

2）连续体振动系统

连续体振动系统的力学参数（如质量、刚度、阻尼等）在空间是连续分布的，其运动需用偏微分方程式来描述。

图 8-3 所示一根沿轴向振动的杆是连续体振动系统的简单例子。质量$m(s)$和刚度$EA(s)$都是位置s的函数，位移$x(s,t)$和单位杆长上作用的激励力$f(s,t)$是位置s和时间t的函数，描述运动的偏微分方程式为

$$m(s)\frac{\partial^2 x(s,t)}{\partial t^2}=\frac{\partial}{\partial s}\left[EA(s)\frac{\partial x(s,t)}{\partial s}\right]+f(s,t) \tag{8-4}$$

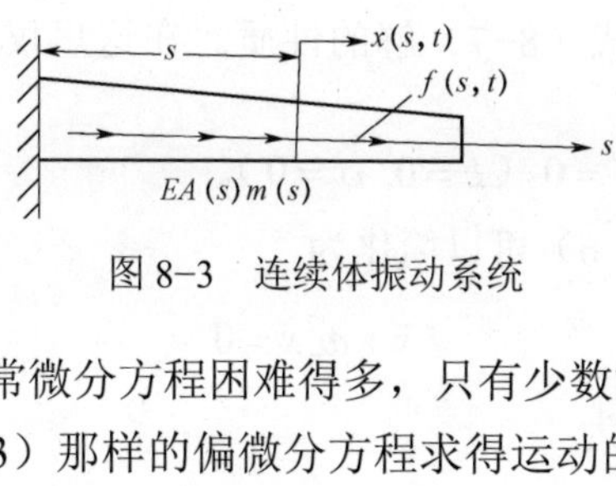

图 8-3　连续体振动系统

求解偏微分方程比常微分方程困难得多，只有少数简单的连续体振动系统，才有可能通过解式（8-3）那样的偏微分方程求得运动的解析表达式。对大多数

系统，只能从数学上采用各种近似方法来求得数值解。

一个实际的机械系统，什么情况下可抽象化为离散系统，什么情况下应采用连续体振动系统，取多少个自由度，都要根据下列这些因素具体灵活地决定，即机械系统的具体结构、求解问题的性质、精度要求、解题的时间要求和所花费的费用、解题者个人的经验和习惯，以及所掌握的计算方法和计算工具等。

8.1.2 单自由度振动系统的自由响应

在不受外界激励的条件下，振动系统仅由于初始位移或初始速度（或两者兼有）而发生的运动，称为自由响应，或自由振动。

研究自由响应的目的有两方面：一方面在某些问题中，所感兴趣的就是自由响应本身；更重要的另一方面是，在研究自由响应中获得的系统的各种模态参数，是对系统做进一步动力分析的基础。

求解系统的自由响应在数学上是解一个齐次微分方程式（或方程组），即求解一个特征值的问题。取图 8-1 所示的单自由度振动系统来研究其自由响应。令 $f(t)=0$，则得运动微分方程式为

$$m\ddot{x}+c\dot{x}+kx=0 \tag{8-5}$$

或化为标准形式

$$\ddot{x}+2\sigma\dot{x}+\omega_{\mathrm{n}}^{2}x=0 \tag{8-6}$$

式中：$\sigma=\dfrac{c}{2m}$ 称为系统的衰减指数，1/s；$\omega_{\mathrm{n}}=\sqrt{\dfrac{k}{m}}$ 称为系统的固有角频率，1/s。

由微分方程理论知式（8-6）的解为

$$x=\mathrm{e}^{-\sigma t}\left(C_1\mathrm{e}^{\sqrt{\sigma^2-\omega_{\mathrm{n}}^2}t}+C_2\mathrm{e}^{-\sqrt{\sigma^2-\omega_{\mathrm{n}}^2}t}\right) \tag{8-7}$$

式中：C_1、C_2 为取决于初始条件的积分常数。

引入表示系统阻尼相对大小的量纲一的量，$\zeta=\dfrac{\sigma}{\omega_{\mathrm{n}}}$ 称为系统的阻尼比。下面根据 ζ 的大小分别讨论式（8-7）解的性质。在这里仅考虑无阻尼情形和小阻尼情形。

（1）无阻尼情形：$\zeta=0$（$c=0,\ \sigma=0$）。

此时微分方程式（8-6）可以简化为

$$\ddot{x}+\omega_{\mathrm{n}}^{2}x=0 \tag{8-8}$$

式（8-7）亦可改写为

$$x = A_0 \sin\left(\omega_n t + \theta_0\right) \tag{8-9}$$

可知在无阻尼情形下，自由响应是等幅简谐振动（图 8-4 曲线 a），振动的角频率 ω_n 仅取决于系统本身的惯性和弹性，而与外界因素和初始条件无关，故称为系统的固有角频率，单位为 rad/s。系统每秒振动的次数，称为系统的固有频率 f_n，它与 ω_n 的关系为

$$f_n = \frac{\omega_n}{2\pi} = \frac{1}{2\pi}\sqrt{\frac{k}{m}} \tag{8-10}$$

系统的固有周期 T_n 是 f_n 的倒数，是系统每振动一次所需的时间，即

$$T_n = \frac{1}{f_n} = 2\pi\sqrt{\frac{m}{k}} \tag{8-11}$$

自由响应的振幅 A_0 和初相位 θ_0 取决于初始条件，即式（8-7）中的积分常数 C_1、C_2，亦取决于 $t=0$ 时刻质量块具有的初位移 x_0 和初速度 $\dot{x}_0$，关系式为

$$A_0 = \sqrt{x_0^2 + \left(\frac{\dot{x}_0}{\omega_n}\right)^2} \tag{8-12}$$

$$\theta_0 = \arctan\frac{\omega_n x_0}{\dot{x}_0} \tag{8-13}$$

（2）小阻尼情形：$0<\zeta<1$（$\sigma<\omega_n$）。

此时式（8-7）解中两个根式均为虚数，利用欧拉公式可求得

$$x = A_1 \mathrm{e}^{-\sigma t}\sin\left(\sqrt{\omega_n^2-\sigma^2}\,t+\theta_1\right) \tag{8-14}$$

式中取决于初始条件的积分常数为

$$A_1 = \sqrt{\frac{\left(\dot{x}_0+\sigma x_0\right)^2}{\omega_n^2-\sigma^2}+x_0^2} \tag{8-15}$$

$$\theta_1 = \arctan\frac{x_0\sqrt{\omega_n^2-\sigma^2}}{\dot{x}_0+\sigma x_0} \tag{8-16}$$

可见在小阻尼情形下，自由响应是一个振幅随时间按指数规律衰减的振动，即衰减振动，典型的波形如图 8-4 曲线 b 所示。

衰减振动的频率为阻尼固有角频率 ω_n 或阻尼固有频率 f_n。

阻尼固有角频率为

$$\omega_d = \sqrt{\omega_n^2-\sigma^2} = \omega_n\sqrt{1-\xi^2} \tag{8-17}$$

阻尼固有频率为

$$f_{\mathrm{d}}=\frac{\omega_{\mathrm{d}}}{2\pi}=f_{\mathrm{n}}\sqrt{1-\xi^{2}} \tag{8-18}$$

显然，它们低于无阻尼时的角频率 ω_{n} 和频率 f_{n} 。

阻尼固有周期为

$$T_{\mathrm{d}}=\frac{2\pi}{\omega_{\mathrm{d}}}=\frac{2\pi}{\omega_{\mathrm{n}}\sqrt{1-\xi^{2}}}=\frac{T_{\mathrm{n}}}{\sqrt{1-\xi^{2}}} \tag{8-19}$$

它比固有周期 T_{n} 要长。对于通常的机械结构，ξ 为 $10^{-4}\sim10^{-2}$ 数量级，阻尼对频率和周期的影响很小，可忽略不计。例如，$\xi=0.05$ 时，$f_{\mathrm{d}}=0.9987f_{\mathrm{n}}$，$T_{\mathrm{d}}=1.0013T_{\mathrm{n}}$。衰减振动的振幅是按照几何级数衰减的，$\sigma$ 越大时，振动衰减越快。例如，$\xi=0.05$ 时，研究表明振动一周后，振幅衰减了 27%。

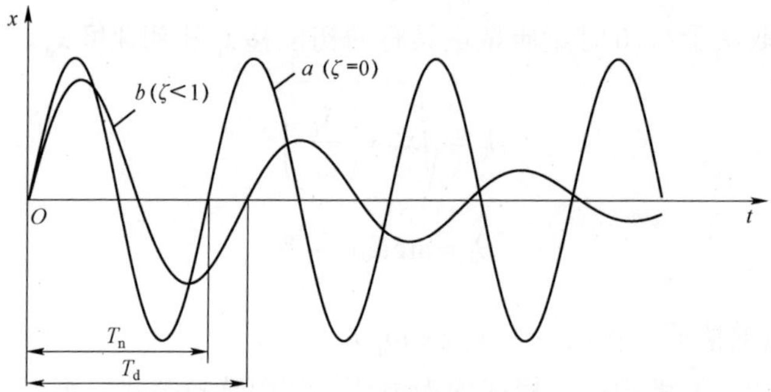

图 8-4　单自由度振动系统的自由响应（无阻尼和小阻尼）

8.1.3　单自由度振动系统对正弦激励的响应

振动系统在外界激励下产生的振动称为强迫响应，或称强迫振动。工程中许多振动问题的解决都涉及求取系统对各种激励的响应，响应不但取决于激励，显然也取决于系统本身。建立激励、响应和系统特性三者的关系是系统分析的核心问题。

1. 单自由度振动系统的频响函数

取图 8-1 所示的单自由度振动系统，已知其运动微分方程式为

$$m\ddot{x}+c\dot{x}+kx=f(t)$$

$f(t)$ 为一正弦激励力，采用复矢量表示为

$$f(t)=\bar{F}\mathrm{e}^{\mathrm{j}\omega t} \tag{8-20}$$

并设稳态响应为

$$x(t)=\bar{X}\mathrm{e}^{\mathrm{j}\omega t} \tag{8-21}$$

$\bar{F}$ 与 $\bar{X}$ 分别为激励与响应的复振幅，代入式（8-1）得

$$\left(-m\omega^2+\mathrm{j}c\omega+k\right)\bar{X}=\bar{F}$$

于是有

$$\bar{X}=\frac{\bar{F}}{k-m\omega^2+\mathrm{j}c\omega} \tag{8-22}$$

系统的频率响应函数（简称频响函数）是系统的响应与激励的复振幅之比，它是激励频率 ω（或 f）的复函数，即

$$H(\omega)=\frac{\bar{X}}{\bar{F}}\quad 或\quad \bar{X}=H(\omega)\bar{F} \tag{8-23}$$

因此，对于上述单自由度振动系统，由式（8-23）得

$$H(\omega)=\frac{1}{k-m\omega^2+\mathrm{j}c\omega}=\left|H(\omega)\right|\mathrm{e}^{-\mathrm{j}\varphi(\omega)} \tag{8-24}$$

频率响应函数的模 $\left|H(\omega)\right|$ 称为幅频特性。由式（8-24）得

$$\begin{aligned}\left|H(\omega)\right|&=\frac{1}{m}\frac{1}{\sqrt{\left(\omega_{\mathrm{n}}^2-\omega^2\right)^2+4\sigma^2\omega^2}}\\&=\frac{1}{k}\frac{1}{\sqrt{\left(1-\lambda^2\right)^2+4\lambda^2\xi^2}}\end{aligned} \tag{8-25}$$

频率响应函数的幅角 $\varphi(\omega)$ 称为相频特性。由式（8-24）得

$$\varphi(\omega)=\arctan\frac{2\sigma\omega}{\omega_{\mathrm{n}}^2-\omega^2}=\arctan\frac{2\lambda\xi}{1-\lambda^2} \tag{8-26}$$

其中，利用了 $\omega_{\mathrm{n}}^2=\frac{k}{m}$，$2\sigma=\frac{c}{m}$，$\zeta=\frac{\sigma}{\omega_{\mathrm{n}}}$ 等关系，并引入了激励频率 ω 与系统固有频率 ω_{n} 之比 $\lambda=\frac{\omega}{\omega_{\mathrm{n}}}$。

幅频特性 $\left|H(\omega)\right|$ 是响应与激励幅值大小之比；相频特性 $\varphi(\omega)$ 反映正弦的响应滞后于正弦激励的相位角。频率响应函数 $H(\omega)$ 是反映振动系统的动力特性的最重要的函数之一，它在振动理论中占有很重要的地位。

如果已知一个系统的频率函数 $H(\omega)$，那么不需要再解方程式（8-1），就能很容易地求得它对任何正弦激励的响应。例如，正弦激励为

$$f(t) = F_0 \sin \omega t \tag{8-27}$$

则复振幅 $\bar{F} = F_0$，故由式（8-23）可知响应为

$$\bar{X} = H(\omega)\bar{F} = F_0 H(\omega) \tag{8-28}$$

利用式（8-24）和式（8-28），响应可以写成

$$x(t) = \frac{F_0}{k}\frac{1}{\sqrt{\left(1-\lambda^2\right)^2 + 4\lambda^2\zeta^2}}\sin(\omega t - \theta) \tag{8-29}$$

特别地，当 $\bar{F}=1$ 时，有 $\bar{X} = H(\omega)$，即系统受到单位的正弦激励时，其响应的幅值和相位就等于频响函数的模和幅角。

当系统受到正弦激励时，频响函数是响应与激励的复振幅之比。由此推广，当激励为非正弦时，频响函数 $H(\omega)$ 为响应 $x(t)$ 与激励 $f(t)$ 的傅里叶变换之比，即

$$X(\omega) = H(\omega)F(\omega) \tag{8-30}$$

这表明频响函数是系统的输出与输入的傅里叶变换之比，这是联系系统输入、输出和频响函数的重要关系式。

2. 幅频特性曲线和相频特性曲线

考虑小阻尼，即 $\zeta<1$，根据式（8-25）、式（8-26）分别画出 $H-\omega$ 和 $\varphi-\omega$ 的变化曲线，称为幅频特性曲线及相频特性曲线，如图 8-5 所示。

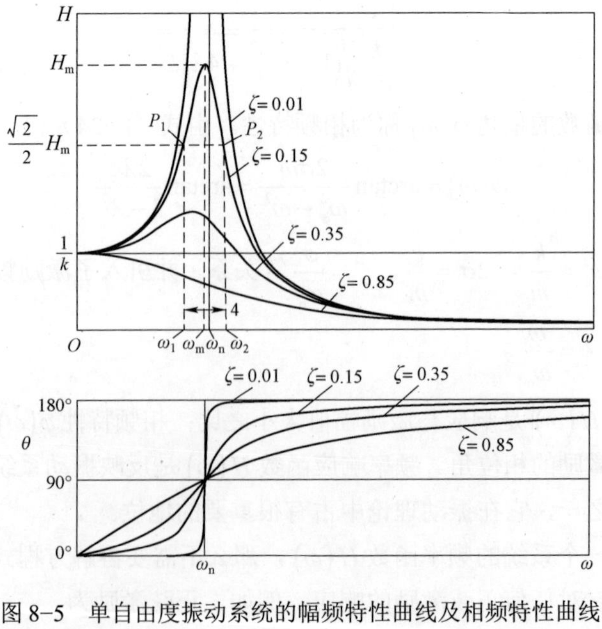

图 8-5 单自由度振动系统的幅频特性曲线及相频特性曲线

从幅频特性曲线可以看出随着激励频率 ω 变化，稳态响应幅值的变化规律：

（1）当激励频率很低时 $(\omega \ll \omega_{\rm n})$，振幅约为 $1/k$，此时外界激励几乎无作用。

（2）随着激励频率的升高，振幅逐渐加大。当激励频率在固定频率附近 $(\omega \approx \omega_{\rm n})$ 时，振幅最大，此时发生共振。共振发生时的频率称为共振频率，为

$$\omega_{\rm m} = \omega_{\rm n}\sqrt{1-2\zeta^2} \tag{8-31}$$

此时，振幅最大，称为共振振幅，为

$$H_{\rm m} = \frac{1}{2k\zeta\sqrt{1-\zeta^2}} \tag{8-32}$$

当结构阻尼非常小时，可以认为共振频率近似等于结构的固有频率，即 $\omega_{\rm m} \approx \omega_{\rm n}$。系统阻尼越小，共振峰越尖锐。阻尼较大时，$\omega_{\rm m}$ 明显低于 $\omega_{\rm n}$，共振振幅也显著减小。当 $\zeta > 0.707$ 时，系统不再出现共振。

（3）当激励频率很高时 $(\omega \gg \omega_{\rm n})$，振幅按 $1/\omega^2$ 的趋势减少。

从相频特性曲线可以看出相位的变化规律：在低频区时，$\varphi \approx 0^\circ$，即响应与激励同相，随着频率升高，相位角慢慢增大，到固有频率处为 90°，即响应滞后激励 90°。在高频区时，$\varphi \approx 180^\circ$，即响应与激励反相。因此可以得出，当共振频率接近固有频率时，相频响应会迅速减小。在小阻尼时，相位随激励频率的变化在共振区十分剧烈；阻尼增大时，这种变化就趋于平缓。

在幅频特性曲线共振峰两侧，可各找到一幅值为 $\dfrac{H_{\rm m}}{\sqrt{2}}$ 的点 P_1 和 P_2（图 8-5），称为半功率点。这是因为这两点系统的振动能量是共振时能量的一半。

8.1.4　单自由度振动系统对任意激励的响应

如果作用在系统上的激励力不是正弦的，那么求解响应的方法就有所不同。

1. 周期性激励力

设周期性激励力 $f(t)$ 的周期 $T = \dfrac{2\pi}{\omega}$，任意周期信号可展开为傅里叶级数形式，于是系统的微分方程式为

$$m\ddot{x} + c\dot{x} + kx = f(t) = a_0 + \sum_{n=1}^{\infty}\left(a_n \cos n\omega t + b_n \sin n\omega t\right) \tag{8-33}$$

对于线性系统可以运用叠加原理，先求出激励力每一个简谐分量引起的响应，然后再叠加起来，得到总的响应为

$$x(t) = \frac{a_0}{k} + \sum_{n=1}^{\infty}\frac{a_n \cos(n\omega t - \theta_n) + b_n \sin(n\omega t - \theta_n)}{\sqrt{\left(k - n^2\omega^2 m\right)^2 + (n\omega c)^2}},\quad n = 1, 2, \cdots \tag{8-34}$$

式中

$$\theta_n = \arctan\frac{n\omega c}{k - n^2\omega^2 m}$$

在许多实际问题中，仅取前若干项或主要的若干项就足够了。

2. 单位脉冲激励

单位脉冲是一种抽象化的脉冲，它集中反映了脉冲的特点。它的持续时间趋于零，幅值趋于无限，而力的冲量等于 1。数学上单位脉冲用 δ 函数表示，在 $t=\tau$ 瞬时的一个单位脉冲记作 $\delta(t-\tau)$。

对于任意连续函数 $f(t)$，有

$$\int_{-\infty}^{\infty} f(t)\delta(t-\tau)\mathrm{d}t = f(\tau) \tag{8-35}$$

当脉冲作用于系统的质量块上，由于作用时间极短，可认为质量 m 仅发生速度突变 $\frac{1}{m}$（因脉冲的力冲量为 1，根据实际再乘增益系数），而还来不及产生位移。设质量块起始时是静止的，则初始条件 $x_0=0$，$\dot{x}_0=\frac{1}{m}$，由式（8-14）得到单自由度振动系统对单位脉冲的响应为

$$h(t) = \frac{1}{m\omega_{\mathrm{n}}\sqrt{1-\xi^2}}\mathrm{e}^{-\xi\omega_{\mathrm{n}}t}\sin\omega_{\mathrm{n}}\sqrt{1-\xi^2}t \tag{8-36}$$

其中，$h(t)$ 称为系统的冲激响应函数，它也是描述系统动力特性的一个重要函数。

3. 任意力激励

把任意力看作是一系列脉冲的组合（见图 8-6）。先考虑在 $t=\tau$ 时宽度为 $\Delta\tau$ 的一个脉冲，其冲量为 $f(\tau)\Delta\tau$。根据 $h(t)$ 的含义，此脉冲引起的响应在 t 瞬时为

$$\Delta x(t,\tau) = f(\tau)\Delta\tau h(t-\tau) \tag{8-37}$$

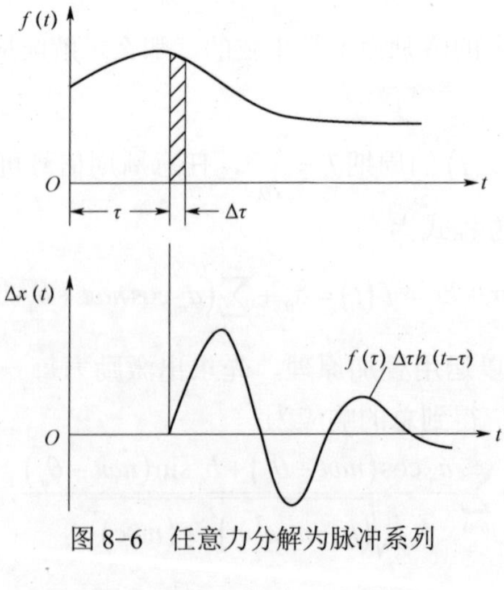

图 8-6　任意力分解为脉冲系列

任意力 $f(t)$ 的激励是一系列脉冲的顺序作用，故其响应近似为式（8–37）的叠加，即

$$x(t) \approx \sum_{\tau} \Delta x(t,\tau) = \sum_{\tau} f(\tau)\Delta\tau h(t-\tau) \tag{8-38}$$

令 $\Delta\tau \to 0$，就得到系统对 $f(t)$ 激励的真实响应为

$$x(t) = \int_{-\infty}^{\infty} f(\tau)h(t-\tau)\mathrm{d}\tau \tag{8-39}$$

或记作

$$x(t) = h(t) * f(t) \tag{8-40}$$

即任意力激励下的响应为力与冲激响应的卷积。

4. *激励、响应及系统特性三者之间的关系*

卷积积分式（8–39）说明了系统输出和输入的关系，其中，$h(t)$ 也代表系统的动力特性。冲激响应函数 $h(t)$ 与频响函数 $H(f)$ 都反映一个系统的动力特性，两者有一定的内在关系，即

$$H(\omega) = \int_{-\infty}^{\infty} h(t)\mathrm{e}^{-\mathrm{j}\omega t}\mathrm{d}t \tag{8-41}$$

$$h(t) = \frac{1}{2\pi}\int_{-\infty}^{\infty} H(\omega)\mathrm{e}^{\mathrm{j}\omega t}\mathrm{d}\omega \tag{8-42}$$

也就是说：$h(t)$ 和 $H(\omega)$ 是一组傅里叶变换对，它们分别从时域和频域两个不同的角度来描述系统的动力特性。基于此，得到如图 8–7 所示的关于激励、响应及系统特性三者关系的示意图。

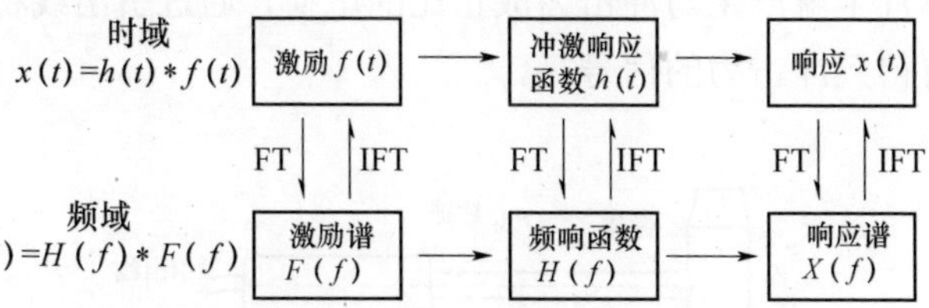

图 8–7　激励、响应及系统特性的关系

8.1.5　多自由度振动系统对激励的响应

一个 N 自由度系统受到激励时，其运动微分方程式为

$$[m]\{\ddot{x}\} + [c]\{\dot{x}\} + [k]\{x\} = \{f(t)\}$$

求多自由度振动系统对激励的响应，利用模态分析将 N 个自由度系统的振动问题分解为 N 个单自由度系统解决，从而可以按照处理单自由度系统的办法求解。因此，多自由度系统的强迫响应有以下特点：

（1）强迫响应随时间的变化规律取决于外加激励力$\{f(t)\}$的变化规律。例如，当$\{f(t)\}$是频率为ω的正弦力时，则响应是同频的正弦振动，其振幅$\{X\}$是由N个模态矢量$\{\phi\}_r\ (r=1,2,\cdots,N)$叠加而成的。

（2）当激励是频率为ω的正弦激励，且有$\omega\approx\omega_r$时，那么在总的振幅$\{X\}$中，$\{\phi\}_r$就占据主导地位，而其他阶振型成分可以忽略不计，所以可以推出：N个自由度系统会有N阶共振。在某一阶共振时，相应该阶的振型就突出出来。因此，幅频特性曲线中会产生N个峰值，相应频率点的相频曲线迅速衰减，对应N阶固有频率。

8.2 频响函数测试

振动系统的频响函数可以通过实验的方法测试，即测量系统的激励信号和响应信号，通过信号处理的方法计算频响函数。激励信号可以选用稳态正弦、扫频正弦、宽带随机或冲击激励等方式。

1. 冲击力锤

模态实验最简单的激励方式是采用装有力传感器的手锤给被试对象施加一局部的冲击激励。图 8-8 为一种冲击力锤的示意图，它是用压电式力传感器配以锤体、锤头盖和锤把等零件组成。当手执锤把用锤头盖敲击被试对象时，力传感器的压电晶体片上就产生与冲击力成正比的电荷，通过引出线将其引出，配合电荷放大器就可得到冲击力的信号。

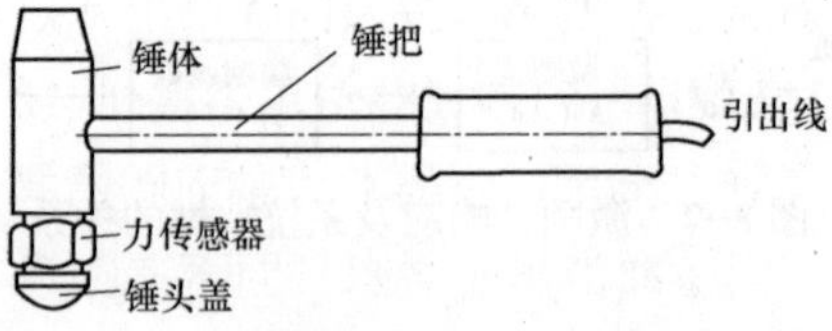

图 8-8　冲击力锤

在实验中，可以采用不同材质制成的锤头盖，以获得具有不同作用时间τ的冲击波形，如图 8-9（a）所示。如果将冲击力波形近似看作半正弦波，其对数谱如图 8-9（b）所示，频谱主瓣频率值f约为$3/(2\tau)$。例如，冲击持续时间$\tau=5\,\text{ms}$，则主瓣频率值为$f=300\,\text{Hz}$。冲击脉冲宽度依赖于锤头材料、锤头质量、敲击对象材料等因素，通常在几百微秒至一二十毫秒变化。锤头越硬，冲击力脉冲的作

用时间 τ 就越短，其频谱主瓣的带宽就越宽。由于一次敲击能输入的激振能量有限，所以测量低频模态时宜采用软锤头，如橡皮锤头或尼龙锤头；测量高频模态时应采用钢锤头，并尽可能减小锤体的质量。

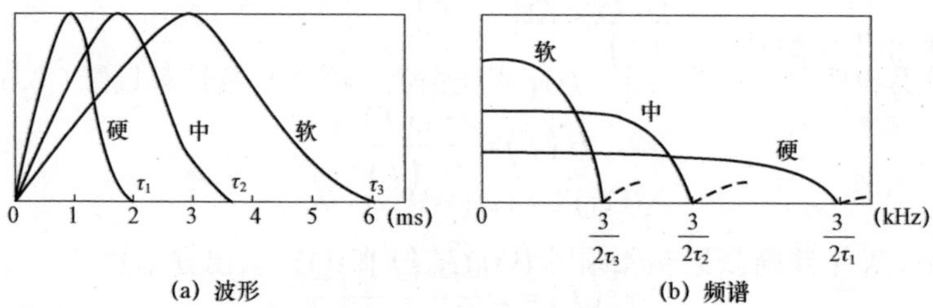

图 8-9　锤击力波形及频谱

2. 频响函数和相干函数估计

图 8-10 表示一种双通道数字信号分析仪的数据处理流程。信号 $x(t)$ 和 $y(t)$ 分别从两个通道输入，经过时域处理（抗混滤波、采样、加窗等）和 FFT 分析后，通过系集平均，求得两个信号的自谱和互谱，再通过其他运算处理，求得信号的频响函数和相干函数。

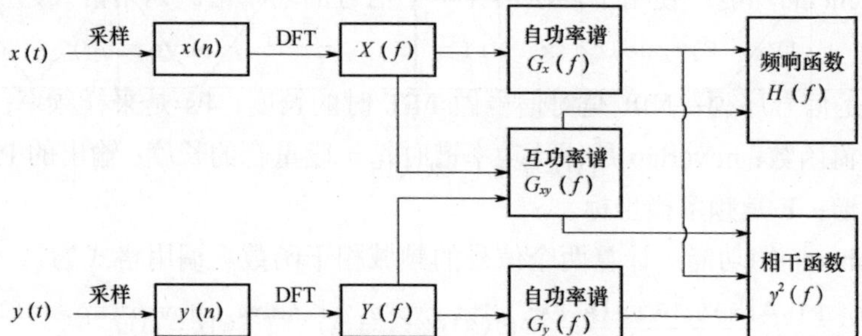

图 8-10　双通道数字信号分析仪的数据处理流程图

在 FFT 分析后，通过平均求得两个信号的自功率谱估计 $\widetilde{G}_x(f)$、$\widetilde{G}_y(f)$ 和互功率谱估计 $\widetilde{G}_{xy}(f)$

$$\widetilde{G}_x(f)=\frac{1}{L}\sum_{i=1}^{L}X_i^*(f)X_i(f) \tag{8-43}$$

$$\widetilde{G}_y(f)=\frac{1}{L}\sum_{i=1}^{L}Y_i^*(f)Y_i(f) \tag{8-44}$$

$$\widetilde{G}_{xy}(f)=\frac{1}{L}\sum_{i=1}^{L}X_i^*(f)Y_i(f) \tag{8-45}$$

式中：L 为平均段数；$X_i(f)$ 和 $Y_i(f)$ 是信号 $x(t)$ 和 $y(t)$ 第 i 段的傅里叶变换；$X_i^*(f)$ 和 $Y_i^*(f)$ 是它们的共轭复数。进而可按下面关系式求得信号的频响函数估计 $\widetilde{H}(f)$ 和相干函数估计 $\widetilde{\gamma^2}(f)$

$$\widetilde{H}(f)=\frac{\widetilde{G}_{xy}(f)}{\widetilde{G}_{x}(f)} \tag{8-46}$$

$$\widetilde{\gamma^2}(f)=\frac{\left|\widetilde{G}_{xy}(f)\right|^2}{\widetilde{G}_{x}(f)\widetilde{G}_{y}(f)} \tag{8-47}$$

相干函数可以量化两个信号在频域上的相似程度，通常用于评估输入信号和输出信号之间的相关性。相干函数的值总是在 0～1 之间。当它接近于 1 时，说明 $f(t)$ 与 $x(t)$ 具有良好的线性关系，表示响应完全是由激励引起的；当它明显小于 1 时，说明信号受到强噪声干扰，或者系统具有非线性特性。

3. 实验涉及的 MATLAB 子函数

MATLAB 提供了计算功率谱、频响函数和相干函数的子函数。

pwelch()的功能：使用平均法估计一个信号的功率谱。调用格式为

```
[Px, F]=pwelch(x, Nfft, Fs, window, noverlap)
```

其中，x 是信号序列；Nfft 是对信号做 FFT 时的长度；Fs 是采样频率；window 是选用的窗函数；noverlap 是估计功率谱时每一段重合的长度；输出的 Px 是估计出的功率谱；F 是频率横坐标。

mscohere()的功能：计算两个信号的频域相干函数。调用格式为

```
[cxy, F] = mscohere(x, y, Nfft, Fs, window, noverlap, dflag)
```

其中，x、y 是两个随机信号；noverlap 是估计 x、y 自功率谱和互功率谱时每一段重叠的长度；dflag 是对每一段数据在加窗前预处理方式；输出的 cxy 是 x、y 的频域相干函数；其余参数同 pwelch 函数。

tfestimate()的功能：估计一个 LSI 系统的频响函数。调用格式为

```
[H, F] = tfestimate(x, y, Nfft, Fs, window, noverlap, dflag)
```

其中，x 是系统的输入；y 是系统的输出；H 是求出的系统频响函数；其余参数同 mscohere 函数。

8.3　薄板频响函数测试

板可按其厚度（记为 h）与其最小边长（设为 a）的比值大小而分为薄板与厚板两种。$\frac{h}{a} \leqslant 1$ 的板称为薄板，否则称为厚板。在通常所要求的精度范围之内，也可将比值 $\frac{h}{a} \leqslant \frac{1}{5}$ 的板按薄板计算。

8.3.1　薄板振动特性

将薄板看作连续弹性体，忽略转动惯量和切应力的影响，只考虑板的横向位移与有关的惯性力之间的关系（分析受迫振动时，还应考虑与激励的关系），用数学形式来描述板运动的基本微分方程并求解[41]。

板做自由振动的无阻尼运动微分方程为

$$D\left(\frac{\partial^4 \omega}{\partial x^4} + 2\frac{\partial^4 \omega}{\partial x^2 \partial y^2} + \frac{\partial^4 \omega}{\partial y^4}\right) + \rho h \frac{\partial^2 \omega}{\partial t^2} = 0 \tag{8-48}$$

这是一个四阶线性非齐次偏微分方程。

式中：D 是板的弯曲刚度，$D = \frac{Eh^3}{12\left(1-\mu^2\right)}$；$E$ 为弹性模量；μ 为泊松比；ρ 为密度；h 为板厚；t 为时间。

假设板做正弦振动，板的位移可以表示为

$$x = W\cos\omega t \tag{8-49}$$

式中：W 为与坐标有关且必须满足相应边界条件的板的振型函数；ω 为振动的角频率，rad/s。将式（8-49）代入式（8-48）得

$$\left(\nabla^4 - k^4\right)W = 0 \tag{8-50}$$

式中：$\nabla^4 = \frac{\partial^4 \omega}{\partial x^4} + 2\frac{\partial^4 \omega}{\partial x^2 \partial y^2} + \frac{\partial^4 \omega}{\partial y^4}$；$k^4 = \frac{\rho h \omega^2}{D}$。

影响板的振动频率和振型的因素包括：板的弯曲刚度、板内的质量分布、板的边界条件（即支承形式）等。例如，四周边界全部简支的矩形板的振型函数为

$$W_{mn}\left(x, y\right) = A_{mn}\sin\frac{m\pi x}{a}\sin\frac{n\pi y}{b},\ m, n = 1, 2, 3, \cdots \tag{8-51}$$

式中：A_{mn} 为由初始条件确定的振幅常数。将式（8-51）代入式（8-50），即可

求出此板的固有频率的精确解为

$$\omega_{mn}=\sqrt{\frac{D}{\rho h}}\left[\left(\frac{m\pi}{a}\right)^2+\left(\frac{n\pi}{b}\right)^2\right] \tag{8-52}$$

式中：a 为矩形板的最小边长；b 为矩形板的最长边长。

用同样的方法可以得到边界条件为周边自由的固有频率理论计算公式为

$$\omega_{\mathrm{n}}=\frac{4\eta}{b^2}\sqrt{\frac{D}{\rho h}} \tag{8-53}$$

式中：η 为频率常数，可查找手册[41]中的表 5-15 获取。

8.3.2 实验目的

（1）了解多自由度系统的振动特性。

（2）力锤激振信号和加速度响应信号测试。

（3）会使用 MATLAB 分析系统频响函数。

8.3.3 实验设备

为了测量矩形薄板的频率响应特性，实验装置如图 8-11 所示。实验采用锤击法激励，并使用双通道测量系统的频率响应函数和相干函数。实验主要由冲击力锤、薄板、加速度传感器和数据采集系统组成。

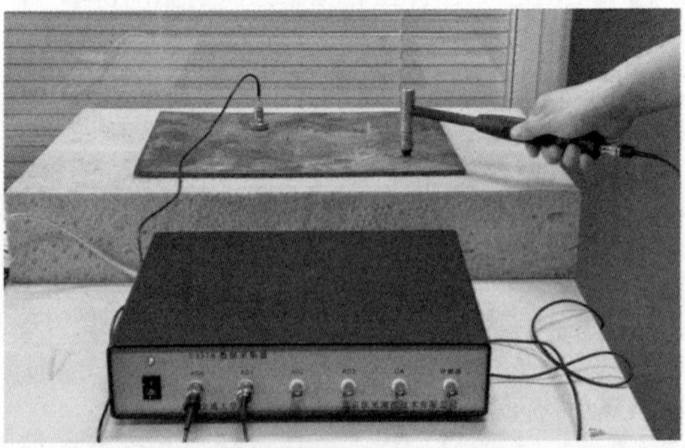

图 8-11 测量薄板频率响应的实验装置

冲击力锤内置 IEPE 力传感器，输出电压信号，灵敏度为 3.76 mV/N。薄板尺寸为 $367\ \mathrm{mm}\times259\ \mathrm{mm}\times7.5\ \mathrm{mm}$，放在软海绵上，边界条件为周边自由。加速度传感器通过磁吸盘固定在薄板的振动测量点上，灵敏度为 106 mV/g。采样频率为 2 000 Hz，激振力通道和响应加速度通道的程控增益放大倍数分别为×2 和×8。

8.3.4　信号分析

1. 锤击、薄板信号的波形、功率谱

将采集好的锤击脉冲信号存放在 pulse.tim 文件中，包括 3 段脉冲信号，每段信号长度为 1 024，共采集 3 072 个点。

使用 MATLAB 分析信号的参考程序如下，锤击脉冲信号波形如图 8-12 所示。

代码	注释
`f_id=fopen('pulse.tim','r');`	以只读方式打开数据文件
`x=fread(f_id,3072,'int16');`	读取全部数据，精度为 16 位
`fclose(f_id);`	关闭文件
`x=x/65536*10;`	转换成电压信号 (V)
`x=x/2*1000/3.76;`	转换为力 (N)
`M=512;N=3072;fs=2000;`	数据点数和采样频率
`t=[0:N-1];t=t/fs;`	采样时间
`plot(t,x);`	绘制脉冲信号波形

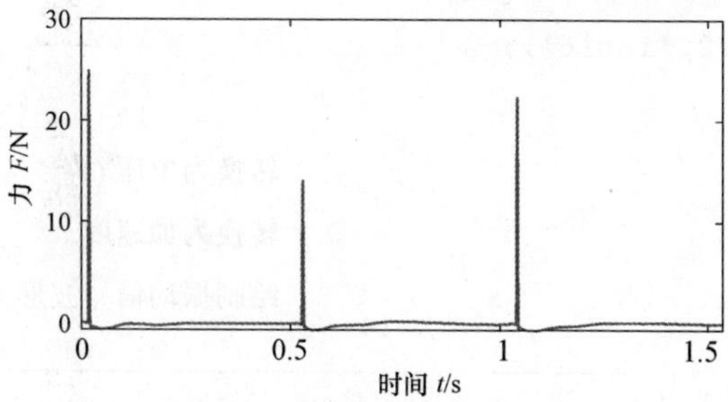

图 8-12　锤击脉冲信号波形

计算锤击脉冲信号的功率谱，参考程序如下，锤击脉冲信号功率谱如图 8-13 所示。

代码	注释
`[xpsd,w]=pwelch(x,boxcar(M),0,M,fs);`	功率谱，boxcar 函数为矩形窗
`mmax=max(xpsd);`	最大值
`xpsd=xpsd/mmax;`	归一化幅值
`xpsd=10*log10(xpsd+0.000001);`	对数坐标
`plot(w,xpsd);`	绘制脉冲信号频谱

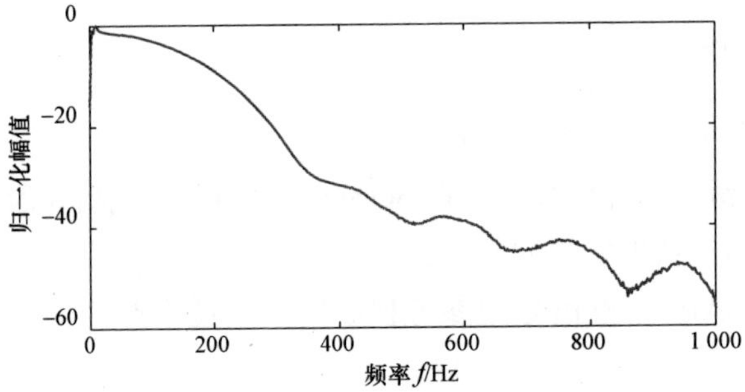

图 8-13　锤击脉冲信号功率谱

锤击脉冲信号的时域波形接近冲激函数，对应的频谱近似为一条直线，包括所有频率成分。从图 8-13 可以看出，在 0～300 Hz 频带，锤击脉冲信号频域能量基本不变。

将采集好的薄板振动（加速度）信号，存放在 acceleration.tim 文件中。使用 MATLAB 分析信号的参考程序如下，薄板振动信号波形如图 8-14 所示，对应的功率谱如图 8-15 所示。

代码	注释
`f_id=fopen('acceleration.tim','r');`	
`y=fread(f_id,3072,'int16');`	
`fclose(f_id);`	
`y=y/65536*10;`	转换为电压(V)
`y=y/8*1000/106;`	转换为加速度
`plot(t,y);`	绘制振动信号波形

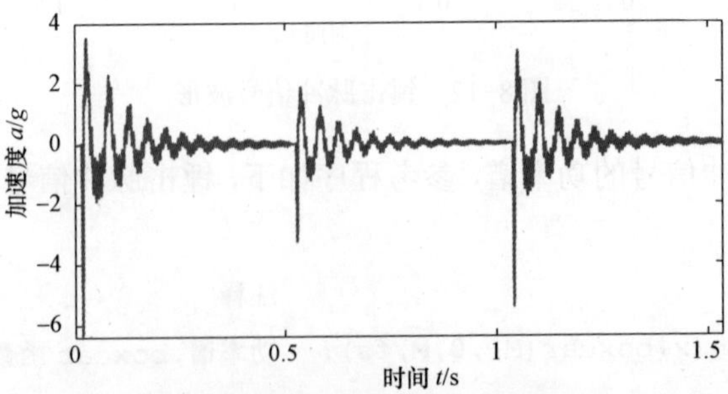

图 8-14　薄板振动信号波形

时域中薄板振动信号为多个指数包络的衰减正弦函数叠加。在脉冲激励下，系统的每个模态都会按照其固有频率进行振动。功率谱中包含 5 个尖峰，峰值频率为 22 Hz、150 Hz、408 Hz、629 Hz 和 793 Hz。

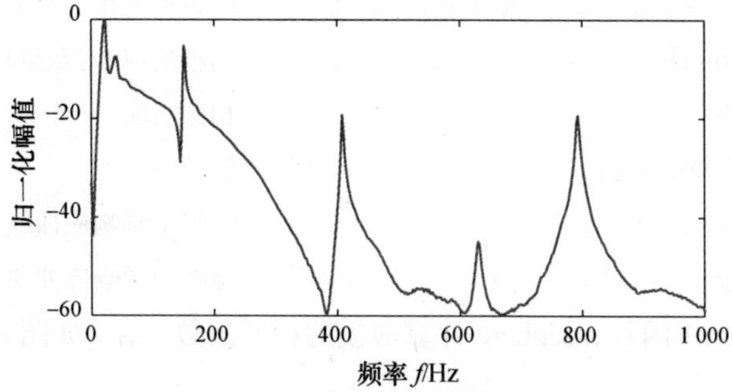

图 8-15 薄板振动信号功率谱

2. 薄板的频响特性和相干函数

根据输入和输出辨识系统函数，通过 MATLAB 绘制并分析薄板的频响特性，结果如图 8-16 所示。参考代码如下：

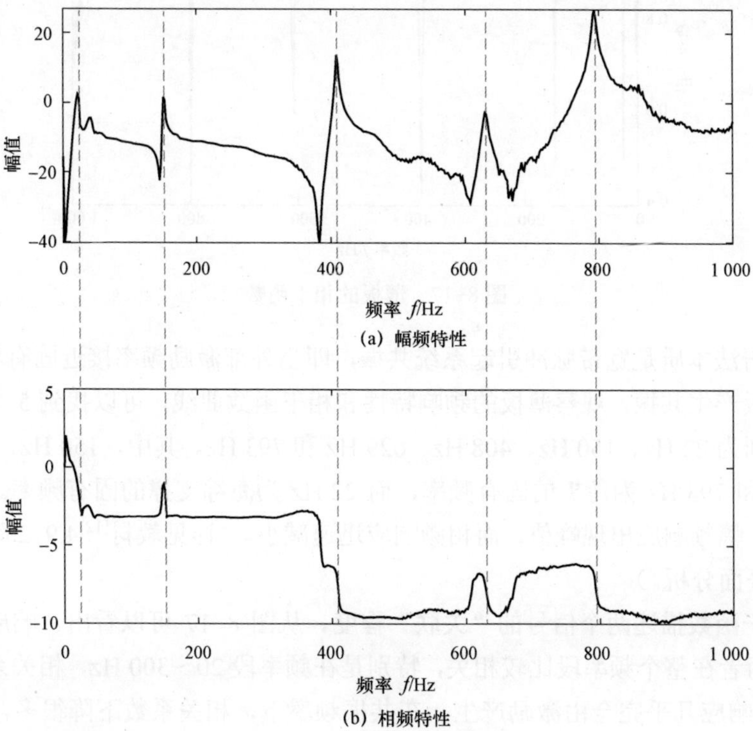

图 8-16 薄板的频响特性

代码	注释
`[H,w]=tfestimate(x,y,boxcar(M),0,M,fs);`	辨识出系统的频率响应
`Hr=20*log10(abs(H));`	幅频响应(对数坐标)
`Hphase=angle(H);`	相频响应
`Hphase=unwrap(Hphase);`	解卷绕
`subplot(211),plot(w,Hr);`	绘制幅频响应曲线
`subplot(212),plot(w,Hphase);`	绘制相频响应曲线

调用 MATLAB 函数 mscohere 计算薄板的相干函数，结果如图 8-17 所示。参考代码如下：

代码	注释
`[cxy,w]=mscohere(x,y,boxcar(M),0,M,fs);`	估计 x 和 y 的相干函数
`plot(w,cxy);`	绘制相干函数曲线

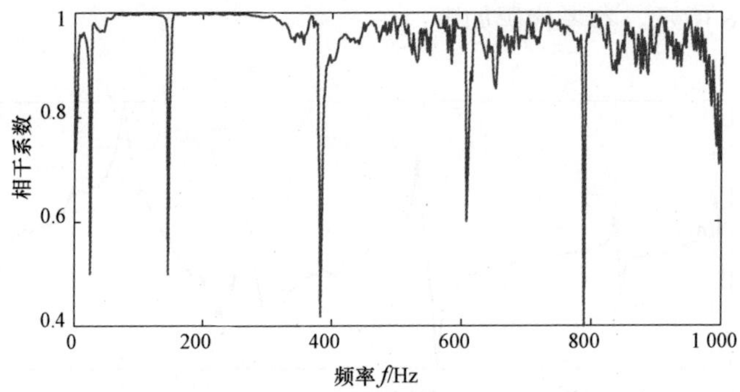

图 8-17　薄板的相干函数

锤击法本质是宽带脉冲引起系统共振，即当外部激励频率接近固有频率时，引起薄板产生共振。观察薄板的频响特性和相干函数曲线，可以找到 5 个共振频率，分别为 22 Hz、150 Hz、408 Hz、629 Hz 和 793 Hz。其中，150 Hz、408 Hz、629 Hz 和 793 Hz 为薄板的固有频率，而 22 Hz 为海绵支撑的固有频率。在共振频率下，幅频响应出现峰值，而相频响应迅速减小。（详见教材[12]4.9 二阶谐振系统的 s 平面分析。）

相干函数描述两个信号的“关联”程度。从图 8-17 可以看出，响应由激励产生，两者在整个频率段比较相关，特别是在频率段 20～300 Hz，相关系数接近 1，说明响应几乎完全由激励产生。在共振频率下，相关系数下降很多，说明共振时，激励与响应不太相关。

观察图 8-15 和图 8-16（a）还可以看出，系统响应（振动加速度信号）的幅频曲线与系统频响函数的幅频曲线相近。这是由于当激励为冲激信号时，其频谱近似直线（常数）。这样，响应的幅频特性与频响函数的幅频特性形状一样，幅值差一个系数。系统的冲激响应、传递函数、频响函数分别从时域、复频域、频域描述系统特性。

3. 改变激振和测量响应的位置，再求频响函数

图 8–18 展示了另一组测量点下薄板的频响特性，从图中可以辨识出 4 个共振频率点。力锤敲击薄板可以抽象为多点输入、多点输出的系统，根据机电类比，不同端口的转移阻抗（频响函数）当然是不一样的。

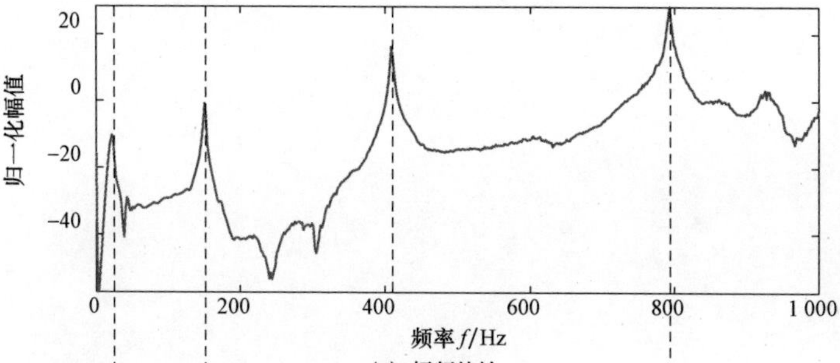

(a) 幅频特性

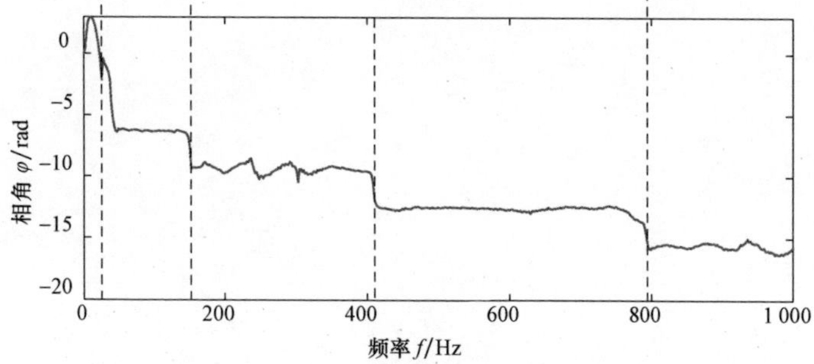

(b) 相频特性

图 8–18　另一组测量点下薄板的频响特性

8.3.5 拓展提高

（1）分析稳态正弦、扫频正弦、宽带随机或冲激激励等各种方法的优点。

（2）反卷积（系统辨识）的工程应用：石油勘探、地球物理、生物医学工程。

第3篇　进　阶　篇

第9章

拓展实验

基于傅里叶变换的频谱分析是信号处理的有力工具，但是由于频谱泄漏和栅栏效应[1]，频谱分析存在比较大的误差。这使得常规频谱分析只适合从整体上判断信号能量随频率的分布，而不能进行局部分析。工程信号复杂，准确提取信号特征，需要引入新的信号分析工具。小波变换是傅里叶变换的广义形式。与傅里叶变换相比，小波变换能提供更多信号的信息，主要表现在多分辨率分析、时间–频率分析和消噪。本章将通过实例进行说明。

9.1 小波变换

1. 连续小波变换

按照教学计划，小波变换要在“数字信号处理”课程进行讲解[42]。但是在本科生“信号与系统”课程中已经涉及了小波变换的思想。例如，教材[12]第294页例5–5给出了一个可以调频率、调带宽的带通滤波器，虽然没有用小波变换的术语，但其本质就是小波变换；第318页习题5–22给出了连续小波变换的定义。

给定连续时间信号 $x(t)$，如果其满足平方可积条件，即 $x(t)\in L^2(R)$，则 $x(t)$ 的连续小波变换为

$$WT_x(a,b)=\frac{1}{\sqrt{a}}\int_{-\infty}^{+\infty}x(t)\,\psi^*\left(\frac{t-b}{a}\right)\mathrm{d}t \tag{9–1}$$

式中：$\psi(t)$ 为小波基函数；a 为尺度因子；b 为时移因子；$\frac{1}{\sqrt{a}}$ 为归一化因子。根据式（9–1），小波变换是时间–频率分析，或者说是时间–尺度分析。

小波变换也可以在频域给出

$$WT_x(a,b)=\frac{\sqrt{a}}{2\pi}\int_{-\infty}^{+\infty}X(\omega)\,\Psi^*(a\omega)\mathrm{e}^{\mathrm{j}\omega b}\mathrm{d}\omega \tag{9-2}$$

图 9-1 给出小波变换粗略的解释：用镜头观察信号 $x(t)$，小波基函数 $\psi(t)$ 代表镜头起的作用，时移因子 b 的作用相当于镜头平移，尺度因子 a 的作用相当于拉近或推远镜头。

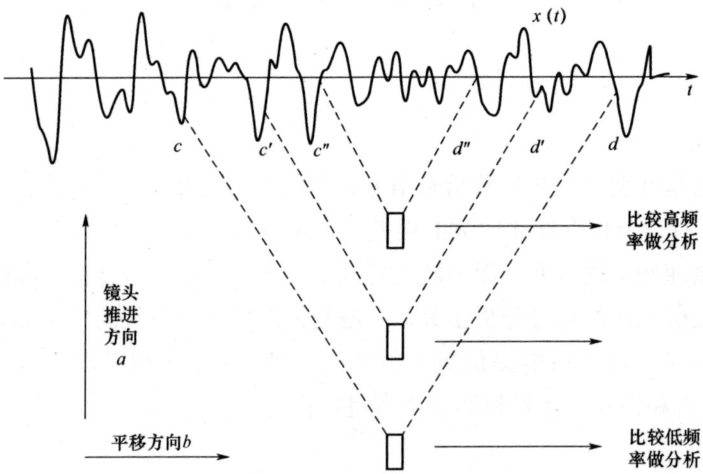

图 9-1　小波变换的粗略解释

2. 小波基函数

与傅里叶变换相比，小波基函数 $\psi(t)$ 具有多样性，同一个信号选择不同的小波基函数分析，可能会有不同的结果。下面介绍几种常用的小波基函数[43]。

1）Haar 小波

Haar 小波来自于数学家 Haar 于 1910 年提出的 Haar 正交函数集，其定义是

$$\psi(t)=\begin{cases}1, & 0\leqslant t<1/2\\ -1, & 1/2\leqslant t<1\\ 0, & \text{其他}\end{cases} \tag{9-3}$$

其时域波形如图 9-2(a)所示。$\psi(t)$ 的傅里叶变换是

$$\Psi(\Omega)=\mathrm{j}\frac{4}{\Omega}\sin^2\left(\frac{\Omega}{4}\right)\mathrm{e}^{-\mathrm{j}\Omega/2} \tag{9-4}$$

2）Morlet 小波

Morlet 小波定义为

$$\psi(t)=\mathrm{e}^{-t^2/2}\mathrm{e}^{\mathrm{j}\Omega_0 t} \tag{9-5}$$

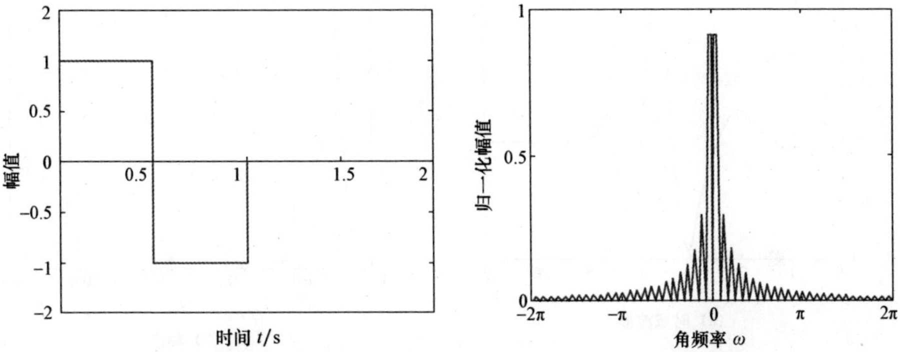

(a) 时域波形　　(b) 频谱

图 9–2　Haar 小波

其傅里叶变换是

$$\Psi(\Omega)=\sqrt{2\pi}\mathrm{e}^{-(\Omega-\Omega_0)^2/2} \tag{9-6}$$

显然，Morlet 小波是一个具有高斯包络的单频率复正弦函数。考虑到待分析的信号一般是实信号，所以在 MATLAB 中将（9–5）式改造为

$$\psi(t)=\mathrm{e}^{-t^2/2}\cos\Omega_0 t \tag{9-7}$$

并取 $\Omega_0=5$。$\psi(t)$ 和 $\Psi(\Omega)$ 在时域和频域都具有很好的集中，如图 9–3 所示。Morlet 小波是对称的，可用于连续小波变换，是应用较为广泛的小波。

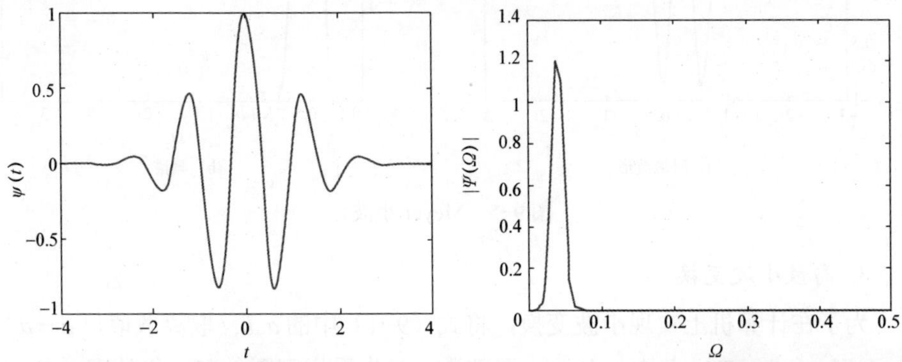

(a) 时域波形　　(b) 频谱

图 9–3　Morlet 小波

3）Daubechies 小波

Daubechies 小波简称 db 小波。db*N* 中的 *N* 表示小波的阶次。当 *N*=1 时，db1 即是 Haar 小波。db4 小波的时域波形和频谱如图 9–4 所示。

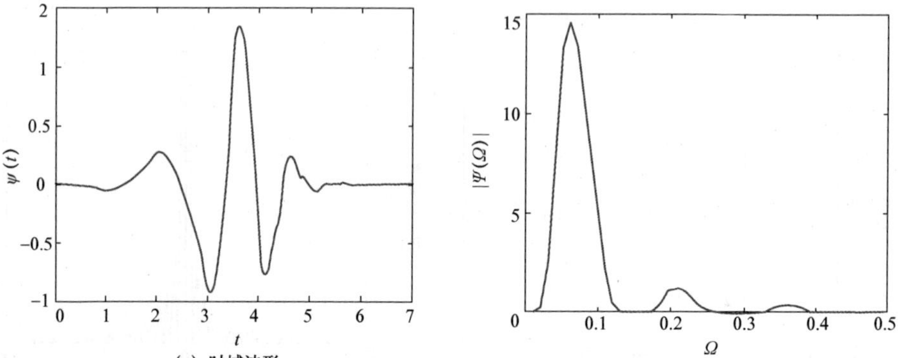

(a) 时域波形　(b) 频谱

图 9–4　db4 小波

4）Meyer 小波

Meyer 小波无时域表达式，由一对共轭正交镜像滤波器组的频谱来定义。Meyer 小波是对称的，有非常好的规则性。Meyer 小波的时域波形和频谱如图 9–5 所示。

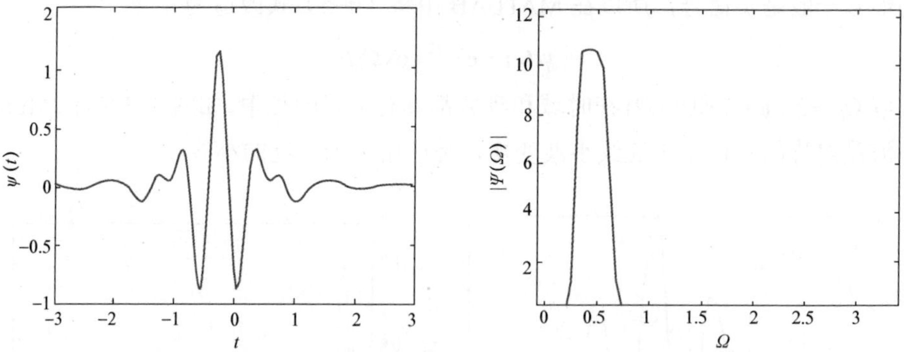

(a) 时域波形　(b) 频谱

图 9–5　Meyer 小波

3. 离散小波变换

为了在计算机上实现小波变换，将式（9–1）中的 a, b, t 取离散值，$a = a_0^m$，$b = na_0^m b_0$，$t = kT$。其中，k, m, n 取整数；T 为采样间隔，归一化处理，$T = 1$。连续小波变换成为离散小波变换，有

$$\mathrm{DWT}(m,n) = \frac{1}{\sqrt[m]{a_0}} \sum_k x(k)\psi^*\left(\frac{k - nb_0 a_0^m}{a_0^m}\right) \tag{9-8}$$

式中：n 为时移步长；m 为尺度步长。

离散小波变换必须采用特殊的方法来实现，即 Mallat 算法，相当于离散傅里叶变换的 FFT 算法。

4. 小波包

离散小波变换可以看作使用低通滤波器和高通滤波器将信号分解成概貌系数（低频分量）和细节系数（高频分量），然后对概貌系数进行再分解，而细节系数保持不变。由于其尺度是按二进制变化的，每次分解得到的概貌系数和细节系数平分被分解信号的频带，二者等宽。小波变换的这种分解方式，高频信号频率分辨率低，低频信号频率分辨高。

小波包变换提供了一种更精细的信号分析方法，在全频带对信号进行多层次的频带划分，对小波变换没有再分解的细节系数也做二分分解，从而提高了频率分辨率。由于正交分解，每一个频带分解后的两个频带不交叠，输出的两个频带的带宽减半，因此每次分解信号频率分辨率提高一倍。小波包变换提供了一种很好的频谱细化分析方法。

小波分解过程示意图和小波包分解过程示意图分别如图 9-6 和图 9-7 所示。

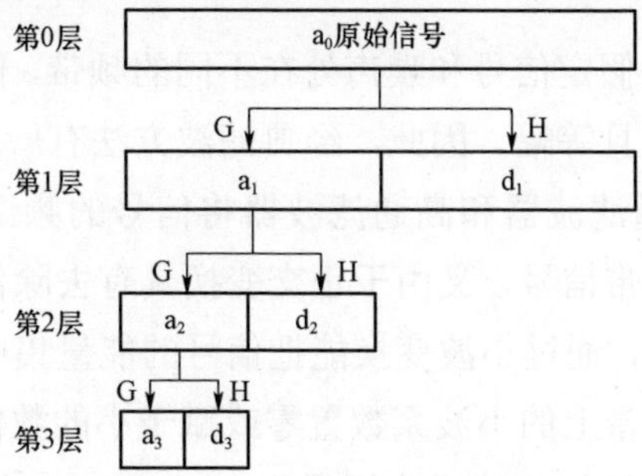

图 9-6　小波 3 层分解流程

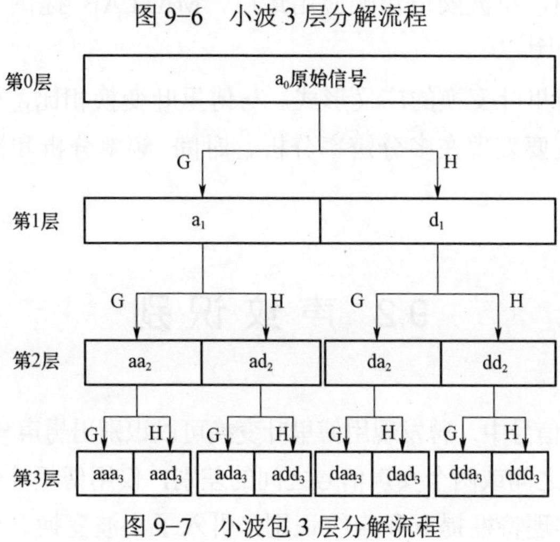

图 9-7　小波包 3 层分解流程

小波包的分解过程可以形象地表示为二进制树结构，如图 9-8 所示。

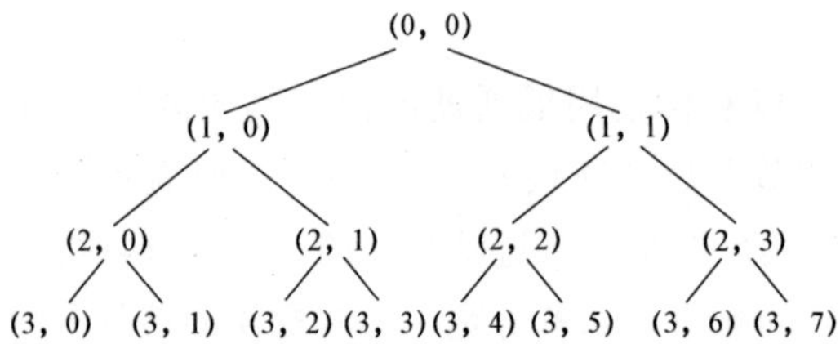

图 9-8　小波包 3 层分解树结构

以上分析表明，与傅里叶变换相比，小波（小波包）变换能提供更好的频率分辨率和更细致的频带划分。小波变换被誉为“数学显微镜”，即由表及里、由粗到精地观察信号。

5. 小波消噪

信号的产生、处理及传输都不可避免地受到噪声干扰，消噪是信号处理永恒的话题。

传统的滤波方法是假定信号和噪声处在不同的频带，但实际上噪声的频带往往分布在整个频率轴上且等幅。因此，经典滤波方法有一定局限性。

小波变换通过低通滤波器和高通滤波器将信号的频谱分解到不同的频率范围，从而得到一个个子带信号，又由于正交变换具有去除信号中的相关性和信号能量集中的功能，因此，通过小波变换能把信号的能量集中到某些频带的少数系数。这样通过将其他频带上的小波系数置零或赋予小的数值，即可达到有效抑制噪声的目的。其中，小波阈值消噪应用最广，MATLAB 提供了小波和小波包消噪的函数可供使用[44–45]。

小波变换是傅里叶变换的广义形式。与傅里叶变换相比，小波变换能提供信号更多的信息，主要表现在多分辨率分析、时间–频率分析和消噪等方面。下面通过实例说明。

9.2 声纹识别

在第 5 章声音信号中，曾发现用傅里叶变换可以识别出男声与女声信号的不同。但是两个男声信号之间或两个女声信号之间的差别，仅用傅里叶变换则难以识别。

为了进一步实现特征提取和声纹识别，引入了小波变换。小波变换具有多尺度分析和局部化特性，并能提供更精细的频率信息，实现声纹识别。通过小波变换可进一步分析不同男声信号之间的差异。

【例 9–1】截取不同男性和女性的语音信号，时长 0.25 s，采样频率 20 kHz。对信号做 4 层小波分解，小波基函数选择“db4”小波。4 层小波分解得到 5 个小波系数，画出各小波系数的波形和频谱。参考代码如下：

代码	注释
`N=40960;`	读取的信号点数
`fs=20000;`	采样频率为 20 kHz
`f_id=fopen('male1.dat','r');`	使用 fopen 函数以只读的方式打开文件,这里以 1 号男性语音文件为例
`x=fread(f_id,40960,'int16');`	读取文件中的所有数据,精度为 16 位
`fclose(f_id);`	关闭文件
`x=x/65536*10;`	二进制数转换为小数表示
`x=x/(2^7);`	实际电压(放大以前)
`x=x *1000/25;`	除以灵敏度,转换为声压信号
`x=x-mean(x);`	去除直流分量
`y=x(8200:13199);`	提取信号 8 200~13 199 之间 5 000 个数据点分析
`N=length(y);`	信号长度为 N
`t=0:N-1;`	创建时间序列
`t=t/fs;`	将时间序列转化为以秒为单位
`f=(0:N-1)*fs/N;`	创建频率向量 f,计算每个数据点对应的频率
`[c,l]=wavedec(y,4,'db4');`	对信号进行 4 层小波分解,小波基函数为 db4
`i=1;`	
`a=wrcoef('a',c,l,'db4',5-i);`	重构第 4 层的低频分量 a4
`subplot(5,2,2*i-1);`	
`plot(t,a);`	画出小波系数 a4 的波形
`ylabel(['a',num2str(5-i)]);`	标注纵坐标 a4
`X=fft(a);`	做傅里叶变换
`X=abs(X);`	幅频特性
`subplot(5,2,2*i);`	
`stem(f(1:N/2),X(1:N/2),'.');`	绘制小波系数 a4 的频谱图
`for i=1:4`	

```
d=wrcoef('d',c,l,'db4',5-i);    重构小波系数 d4~d1
X=fft(d);                       做傅里叶变换
X=abs(X);                       幅频特性
subplot(5,2,2*i+1);
plot(t,d);                      画出各小波系统的波形
ylabel(['d',num2str(5-i)]);     标注纵坐标 d4~d1
subplot(5,2,2*i+2);
stem(f(1:N/2),X(1:N/2),'.');    画出各小波系数频谱图
end
```

1 号男性的语音信号的小波分解结果如图 9-9 所示。左边是各小波系数，右边是对应的频谱图。小波分解各节点对应频带见表 9-1，频带确定且无重叠。

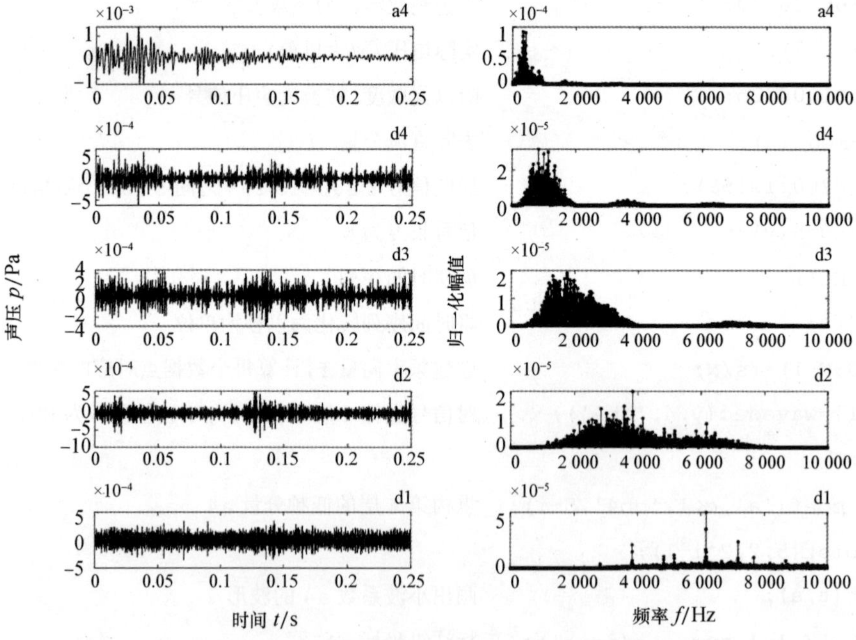

图 9-9　1 号男性的语音信号的小波分解结果

2 号男性的语音信号的小波分解结果如图 9-10 所示。从图 9-9 和图 9-10 中可以得出，高频 d1 分量能量较低，为噪声分量，信号主要特征集中在前四个分量中。对比不同男性的语音信号的小波分解结果，两者的低频分量 a4 差别不大，区别在于分量 d2 和 d3，2 号男性的声音含有丰富的频率分量。

表 9-1　小波分解各节点对应频带

节点	频带/Hz
a4	0～625
d4	625～1 250
d3	1 250～2 500
d2	2 500～5 000
d1	5 000～10 000

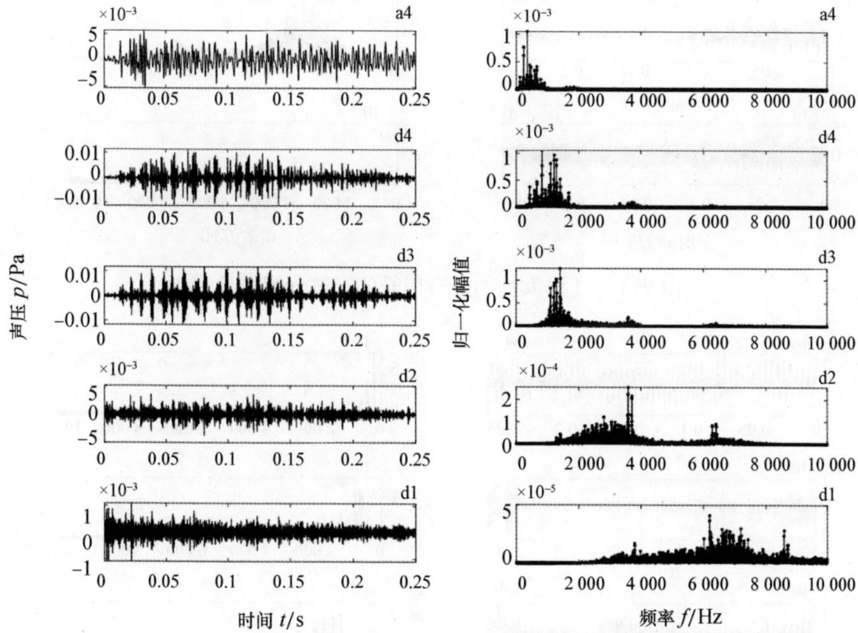

图 9-10　2 号男性的语音信号的小波分解结果

1 号女性的语音信号的小波分解结果如图 9-11 所示。2 号女性的语音信号的小波分解结果如图 9-12 所示。

对比男性和女性语音信号小波分解结果，可以发现女性的频率分布相比于男性更趋向于高频，且不同女性之间的分解结果也有不同，可以发现 1 号女性和 2 号女性的 d2、d3 分量区别明显。

不同人的音色略有差别，这为声纹识别提供了依据。与传统傅里叶变换相比，离散小波的多分辨率分析能提供更高的频率分辨率，用于语音信号分析，为声纹识别提供了有力的技术支持。

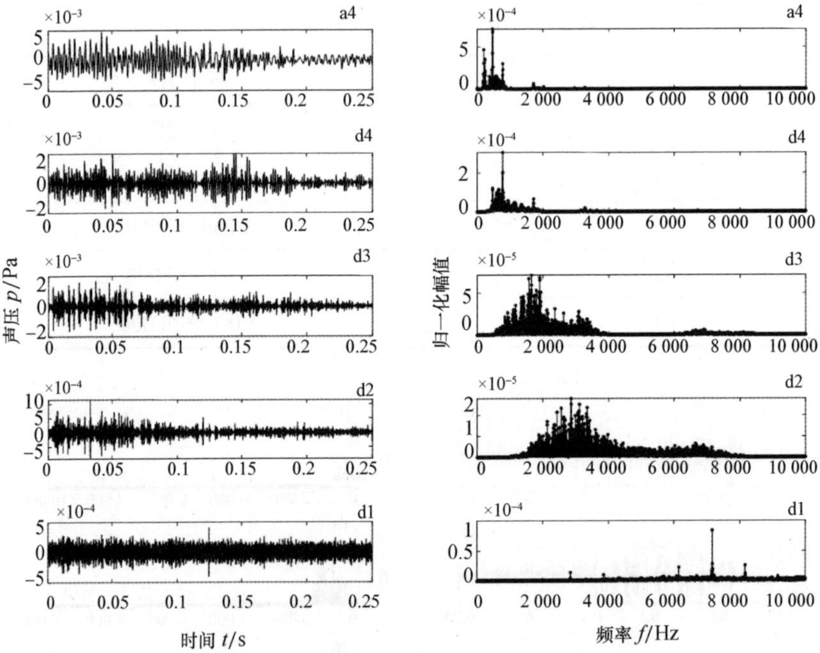

图 9-11　1 号女性的语音信号的小波分解结果

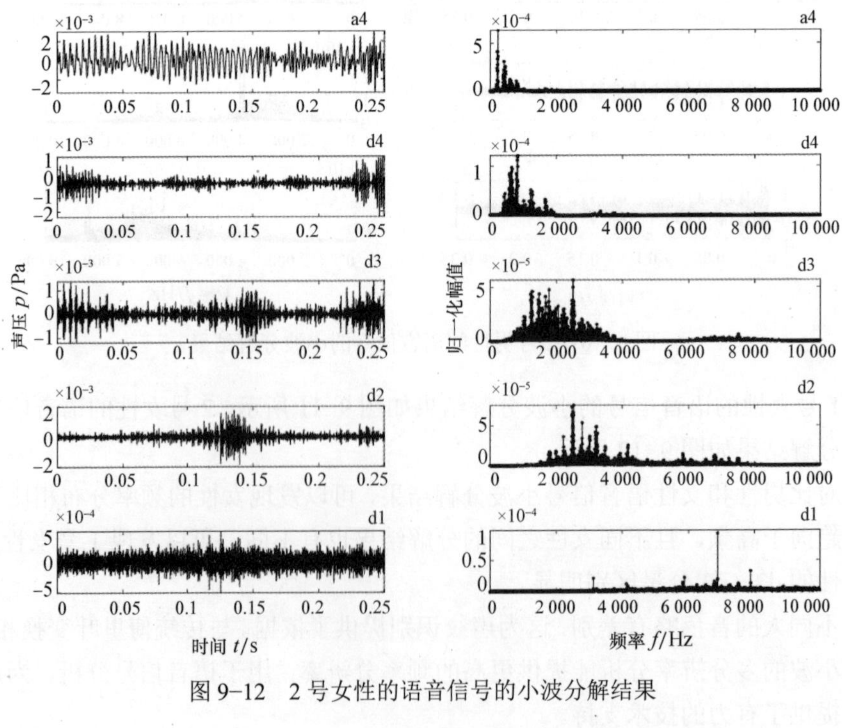

图 9-12　2 号女性的语音信号的小波分解结果

9.3　心音信号特征提取

在第 6 章生物医学信号分析中，可以发现传统的离散傅里叶变换在处理心音信号时存在明显的局限性。离散傅里叶变换是一种全局变换，它将信号从时域转换到频域，但无法很好地处理非平稳信号。心音信号具有时变特性，其频率成分随时间变化，传统方法难以捕捉到这种时变特征，可能会导致重要信息的丢失，影响对心音信号特征的准确提取和分析。

相比之下，小波分析方法在提取心音信号特征方面具有显著优势。小波分析是一种时频分析方法，它能够在时域和频域上同时对信号进行分析，有效地处理非平稳信号。通过小波变换，可以将心音信号分解为不同尺度和频率的分量，从而清晰地揭示信号在不同时间和频率上的特征。这种多分辨率分析的特点使得小波分析能够更准确地捕捉到心音信号中的瞬态信息、突变点，以及频率随时间的变化情况，为心音信号特征的准确提取提供了有力的工具。

【例 9–2】对采集到的心音信号做小波 4 层分解，小波基函数选择通用 db3 小波。原始的采样频率为 2 000 Hz，通过重新抽样，降低采样频率到 500 Hz。小波变换得到的小波系数对应一个确定频带且无重叠，见表 9–2。自然状态和运动后的心音信号经小波分解后的波形和频谱图分别如图 9–13、图 9–14 所示。参考代码如下：

表 9–2　小波分解小波系数对应频带

小波系数	频带/Hz
a4	0～15.625
d4	15.625～31.25
d3	31.25～62.5
d2	62.5～125
d1	125～250

代码	注释
`N=40960;`	读取的信号点数
`fs=2000;`	采样频率为 2000 Hz
`M=4;`	降采样因子为 4

`f_id=fopen('heart_normal.dat','r');`	使用 fopen 函数以只读的方式打开文件,这里以自然状态下的心音信号文件为例
`x=fread(f_id,N,'int16');`	读取文件中的所有数据,精度 16 位
`fclose(f_id);`	关闭文件
`x=x/65536*10;`	转换为小数表示
`x=x/(2^0);`	心音信号用电压表示
`x=x-mean(x);`	去除直流分量
`y1=decimate(x,M,'fir');`	对心音信号重新抽样,4 抽 1
`frag=1840:2339;`	确定索引范围为 1 840~2 339 之间的 500 个点
`y=y1(frag);`	
`fs=fs/M;`	将采样频率降为 500 Hz
`N=length(y);`	
`t=0:N-1;`	
`t=t/fs;`	创建时间序列
`f=(0:N-1)*fs/N;`	创建频率向量 f,根据采样频率和数据长度计算每个数据点对应的频率
`[c,l]=wavedec(y,4,'db3');`	对信号进行 4 层小波分解,使用的小波基函数是 db3
`i=1;`	
`a=wrcoef('a',c,l,'db3',5-i);`	重构小波系数 a4
`subplot(5,2,2*i-1);plot(t,a);`	画出小波系数 a4 的波形
`ylabel(['a',num2str(5-i)]);`	标注纵坐标 a4
`X=fft(a);`	做傅里叶变换
`X=abs(X);`	幅频特性
`subplot(5,2,2*i);`	
`stem(f(1:N/2),X(1:N/2),'.');`	画出小波系数 a4 的幅频特性曲线
`for i=1:4`	
`d=wrcoef('d',c,l,'db3',5-i);`	重构小波系数 d4~d1
`X=fft(d);`	做傅里叶变换
`X=abs(X);`	幅频特性
`subplot(5,2,2*i+1);`	
`plot(t,d);`	画出小波系数波形
`ylabel(['d',num2str(5-i)]);`	标注纵坐标小波系数 d4~d1
`subplot(5,2,2*i+2);`	
`stem(f(1:N/2),X(1:N/2),'.');`	画出各小波系数频谱
`end`	

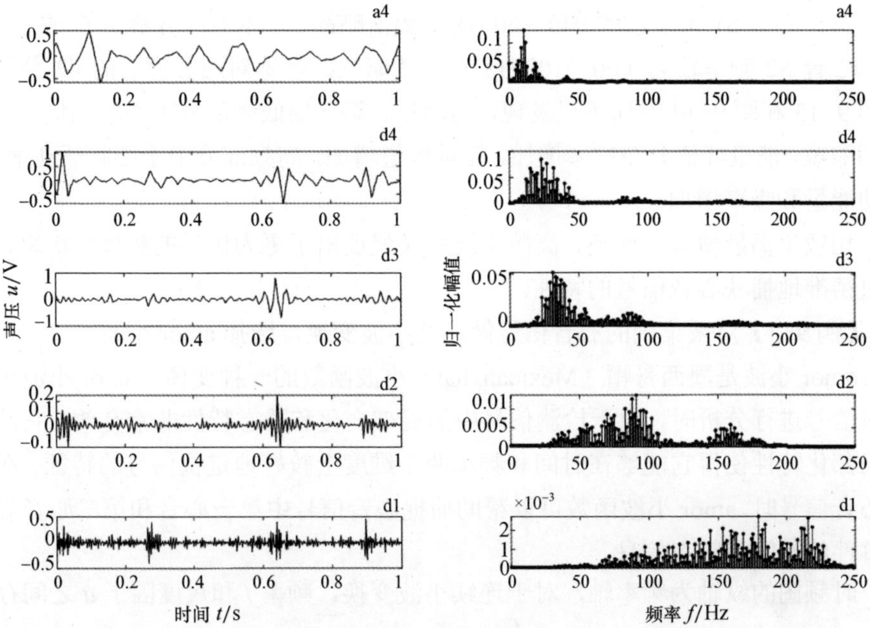

图 9-13　心音信号（自然状态）的 4 层小波分解结果

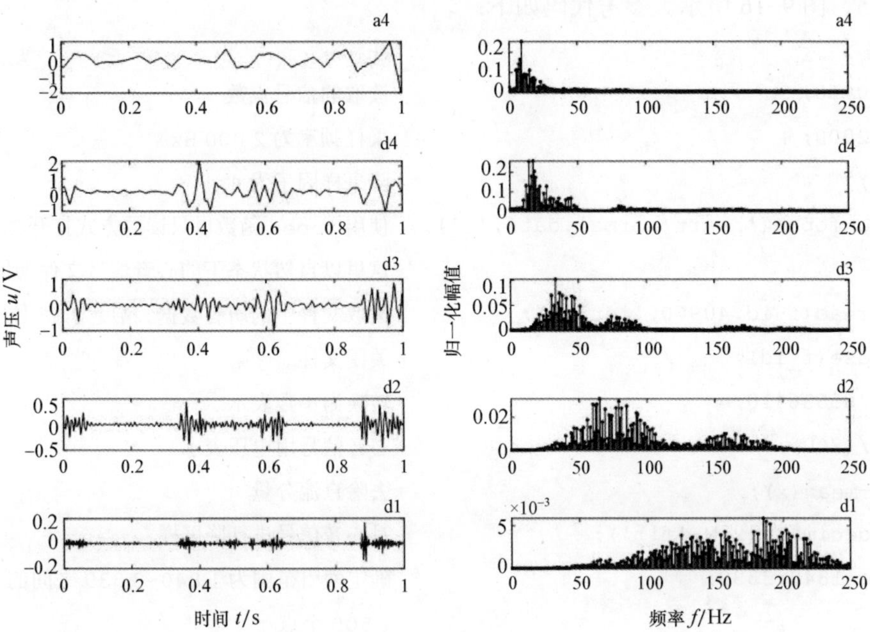

图 9-14　心音信号（运动后）的 4 层小波分解结果

第一心音 S1 频率较低（40～60 Hz），幅值略高，基本对应分解后的 d3 分量；第二心音 S2 频率较高（60～100 Hz），幅值略低，基本对应分解后的 d2 分量。从图 9–13 和图 9–14 对比可以发现，运动后，第一层低频部分因心率加快，心动周期缩短，能量峰值分布频率增加，能量幅值增加，高频部分由于心脏活动增强，振动能量和噪声增加。

相较于离散傅里叶变换，离散小波变换展现出了更为优越的频域分辨率，能够更精准地捕获心音信号的特性。

【例 9–3】对采集到的心音信号做连续小波变换，选择 amor 小波。

amor 小波是墨西哥帽（Mexican hat）小波函数的一种变体。amor 小波函数在对信号进行分析时，对于检测信号中的局部变化和瞬态特性非常有效。它的时频局部化特性使得它能够在时间和频率两个维度上较好地定位信号的特征。在分析心音信号时，amor 小波函数可以帮助捕捉心音信号中第一心音和第二心音等瞬态事件的时间和频率信息。

时频图的纵轴为频率轴，对于连续小波变换，频率 f 和尺度因子 a 之间存在反比关系，可以近似表示为 $f \approx \frac{f_0}{a}$。其中，f_0 为小波函数 $\psi(t)$ 中心频率。

自然状态和运动后的心音信号经连续小波变换后的时频分布图分别如图 9–15、图 9–16 所示。参考代码如下：

代码	注释
`N=40960;`	读取的信号点数
`fs=2000;`	采样频率为 2 000 Hz
`M=4;`	降采样因子为 4
`f_id=fopen('heart_normal.dat','r');`	使用 fopen 函数以只读的方式打开文件，这里以自然状态下的心音信号文件为例
`x=fread(f_id,40960,'int16');`	读取文件中的所有数据，精度为 16 位
`fclose(f_id);`	关闭文件
`x=x/65536*10;`	转换为小数表示
`x=x/(2^0);`	心音信号用电压表示
`x=x-mean(x);`	去除直流分量
`y1=decimate(x,M,'fir');`	对心音信号进行降采样
`frag=1840:3339;`	确定索引范围为 1 840~3 339 之间的 1 500 个点
`y=y1(frag);`	

```
fs=fs/M;                              将采样频率降为 500 Hz
N=length(y);
t=0:N-1;
t=t/fs;                               创建时间序列
f=(0:N-1)*fs/N;                       创建频率向量 f,计算每个数据点对应的
                                      频率
[wt,f,coi]=cwt(y,'amor',fs);          进行连续小波变换并保存结果,选用的小
                                      波基函数为 amor,输出 wt 为小波系数,f
                                      为频率向量,coi 为影响锥
cwt(y,'amor',fs);                     重新调用连续小波变换函数用以绘图
colormap(jet);                        绘制时频图,确认颜色映射为 jet 类型,
                                      即从蓝色向红色渐变
```

从图 9-15、图 9-16 可以看出第一心音和第二心音的频率分布，定位其在时间轴上的位置并明确其频率范围。从图 9-15 可以发现，自然状态的心音信号，时频图上第一心音在较低频段有明显能量集中，第二心音在稍高频段，同样能量集中明确，心动周期中心音时频分布规则且具有良好重复性，能量分布形状和大小稳定。从图 9-16 则可以发现，在运动后的时频图中，心音能量峰值出现频率更高，第一心音和第二心音频率能量分布形状更复杂，这说明运动后的心音信号频率变化剧烈，呈现出更强的非平稳性。

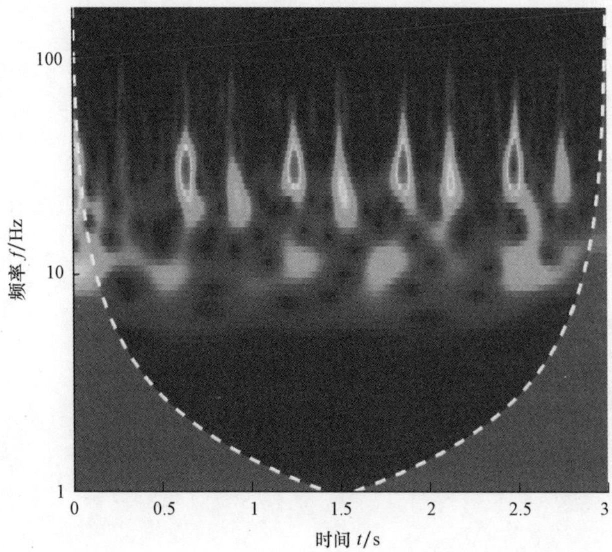

图 9-15　心音信号（自然状态）的连续小波变换

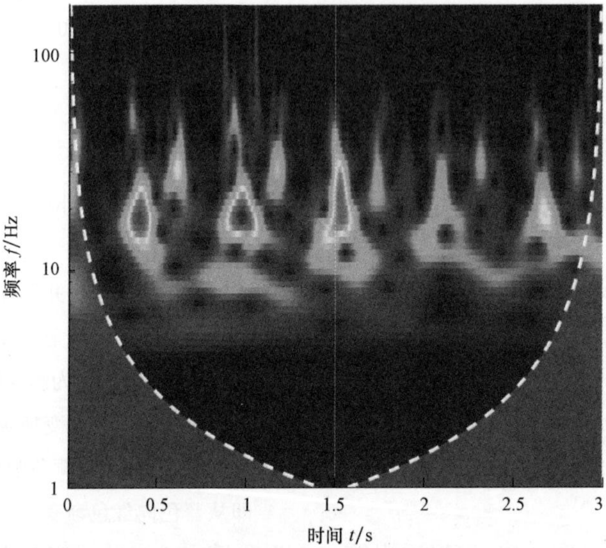

图 9-16　心音信号（运动后）的连续小波变换

使用连续小波变换分析对心音信号进行时频分析，能够精准定位第一心音和第二心音等在时间轴上的位置并明确其频率范围。与傅里叶变换相比，小波变换可以提供信号更丰富的信息。

第 10 章

害虫活动信号

昆虫声学是新出现的声学学科中的一个重要组成部分，是将声学技术用于农林科技的交叉学科[46]。1982 年，美国昆虫协会召开了有关昆虫声学会议。同年，美国物理声学会也举办了首届有关农业声学的国际专题研讨会，内容包括农业环境远距离监控，通过检测隐匿于水果和谷物中害虫的声信息来评估害虫侵害程度。40 多年来，各国学者在昆虫声学这一交叉学科取得了许多可喜成就，其中，农林害虫声检测技术始终是昆虫声学领域研究的热点。

我国是粮食生产、储藏和消费大国，在粮食储藏过程中，储粮害虫可能会造成巨大的损失[47–48]。因此及时发现并准确识别害虫种类和密度是进行生物防治，建设智能粮仓、绿色粮仓，保障国家粮食安全的重要基础[49–50]。通过检测分析储粮害虫在粮堆生态系统中的活动声信号从而识别害虫种类，具有简便快捷、可以对粮仓内部害虫进行检测等优点，一直是害虫检测的研究热点[51–52]。

蛀木害虫综合治理是林木养育中最突出的问题之一。此类害虫种类多、生态位复杂、危害隐蔽，危害周期长达 1～3 年。虫害一旦发生，不仅严重影响树木寿命，受害严重时，可能导致树木迅速枯萎与死亡。此外，被蛀食的树木容易引起其他害虫及病菌的侵入，易受大风吹折。林木受蛀害后，品相必然会降低，甚至失去观赏性和商品价值。

利用害虫发出的声音识别害虫种类已经有成功的报道，卜宇飞等[53]利用 Adobe Audition 3.0 和 MATLAB 完成了对七种害虫声信号的采集分析处理，有效提取了害虫声音特征。害虫发出的声信号信噪比低，且易受到环境噪声干扰，实际应用受到很大限制。刘圣煌等提出了通过采集分析幼虫蛀食树干产生的振动信号，进而检测天牛种类的方法[54]。该方法克服了声音检测方法的缺点，同时具有价格低廉、检测时对树木伤害小的突出优点，有很好的应用前景。

开展昆虫声学实验的另一个突出优点是：生物学研究使用同一种研究方法针对不同研究对象（即不同种类的生物）有重要的科学和工程意义。与之相反，电子信息工程、电气工程、机械工程等学科的研究对象针对工业产品，同样的研究方法仅仅更换研究对象，除了测试产品性能以外，无太大的科学意义，属于重复性的验证。对于大学生创新创业训练，其实践性与实用性只是聊胜于无。因此，将机械工程、信息工程与生物工程密切结合，以害虫科学防治的实际产业需求，引导大学生开展工程实践，实现教学与科研、理论知识与产业应用无缝衔接，不仅能为大学生提供数据采集和信号分析的科研平台和实践平台，锻炼工程实践能力、创新能力，同时研究还具有实际的工程意义，能激发大学生的成就感和学习热情。

本章针对害虫防治需求，设计了害虫蛀木振动信号检测和储粮害虫声信号检测 2 个拓展实验。

10.1　害虫蛀木振动信号分析

天牛的种类很多，目前全世界已知超过 2 万种，我国有 4 000 多种，绝大多数为各类树木的蛀木害虫。树木内部受幼虫蛀食以后，常常导致生长受阻、产量减低、树势削弱、寿命缩短。在受害严重时，还会导致树木的迅速枯萎与死亡。有关研究表明，通过分析天牛幼虫蛀木振动信号并提取其信号特征，可以有效鉴定天牛种类，为开展综合防治提供科学依据。

10.1.1　实验目的

（1）掌握天牛幼虫蛀木振动信号的采集方法。

（2）会用 MATLAB 分析天牛幼虫蛀木振动信号，提取其波形与频谱特征。

（3）了解小波包分析方法，提取更精确的频谱特征。

10.1.2　实验原理

1. 数据采集

振动传感器采用江苏联能电子有限公司的 YD-189 型压电式加速度计，灵敏度 5.015 V/*g*，频率范围 0.2～5 000 Hz，最大横向灵敏度＜5%，量程±5 *g*。数据采集使用北京交通大学与北京优采测控技术有限公司联合开发的手持式数据采集器，适用于野外环境下使用。

在采集信号时，尽量选取无风或者没有强风的晴朗天气下进行。这是因为大风会导致林木树干晃动，对蛀木振动信号分析产生干扰。天牛幼虫蛀木振动信号采集方法如下：

（1）为了实验的准确性，提前进行调查并确保每种树上均只有一种天牛幼虫为害。选择一段树干，削去树皮并刮出一个ϕ10 mm 的平面，用 502 胶将传感器粘贴在树干上。

（2）用手持式数据采集器采集天牛幼虫蛀木振动信号，如图 10–1 所示。设定采样频率为 10 000 Hz，每段采集时间 120 s。程控增益放大小树（周长小于 80 cm）200 倍，大树（周长大于 80 cm）400 倍。选择这样的程控增益放大倍数的目的是尽量将微弱的蛀木振动信号放大到数据采集器满量程以下，半量程以上。

图 10–1　天牛幼虫蛀木振动信号采集

2. 数据筛选

卜宇飞等用红外摄像机观测天牛幼虫在蛀道内的活动[55]，同时采集声信号，找到了天牛幼虫活动的声信号特征，见表 10–1。

表 10–1　天牛幼虫行为占比及特征

幼虫行为	占比	最大相对幅值
蛀食行为	35%	0.6 以上
清理蛀道	11%	0.4～0.6
自卫	5%	0.2～0.4
爬行	25%	小于 0.2
其他	24%	不详

“振是声之源”，振动挤压周围的空气，使得天牛幼虫活动的声音具有与振动同样的特征。据此，可筛选振动信号。天牛幼虫活动引起的树干振动信号由一系列冲击振荡组成，如图 10–2 所示。可以看出，外界干扰与天牛幼虫各种活动的振动波形和相对幅值存在比较大的差别，可据此进行筛选，找出天牛幼虫蛀食行为。

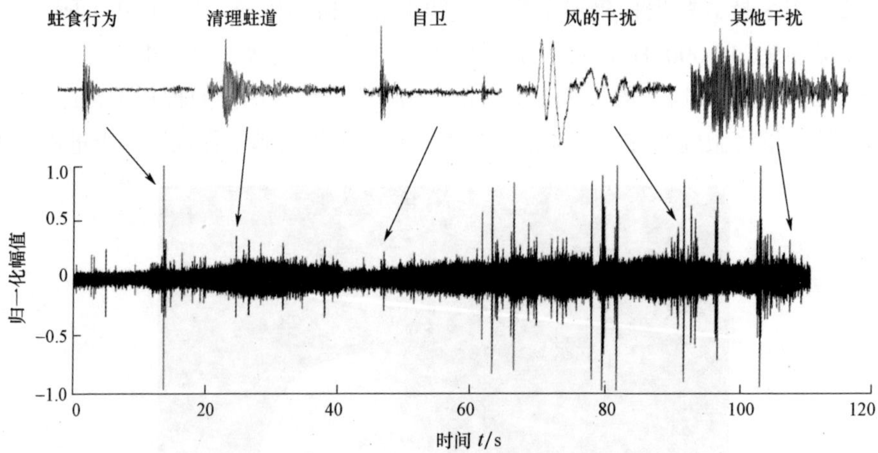

图 10–2　天牛幼虫活动引起的树干振动信号

图 10–3 为光肩星天牛幼虫蛀食树干振动波形，图 10–4 为风吹引发的树干振动波形，图 10–5 为未定性树干振动波形。可以看出，三个图的波形明显不同。通过此种方法，可以筛选出由天牛幼虫活动所产生的树干振动信号。

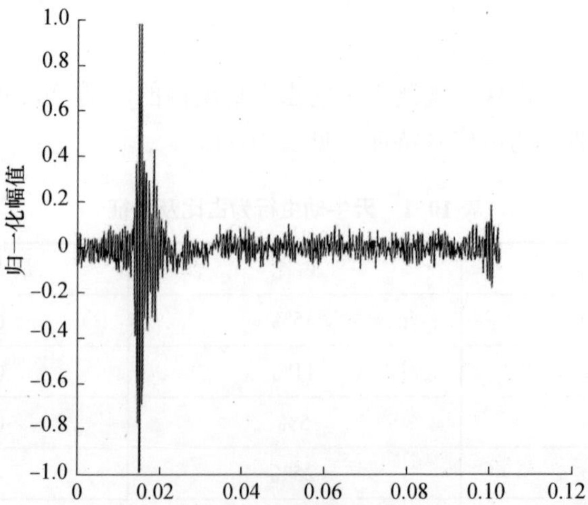

图 10–3　光肩星天牛幼虫蛀食树干振动波形

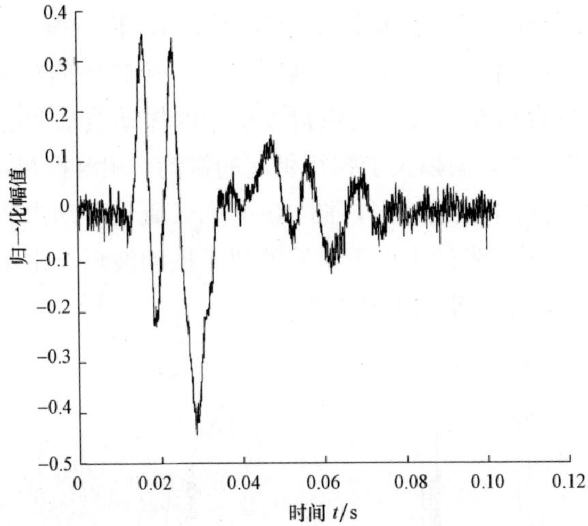

图 10-4　风吹引发的树干振动波形

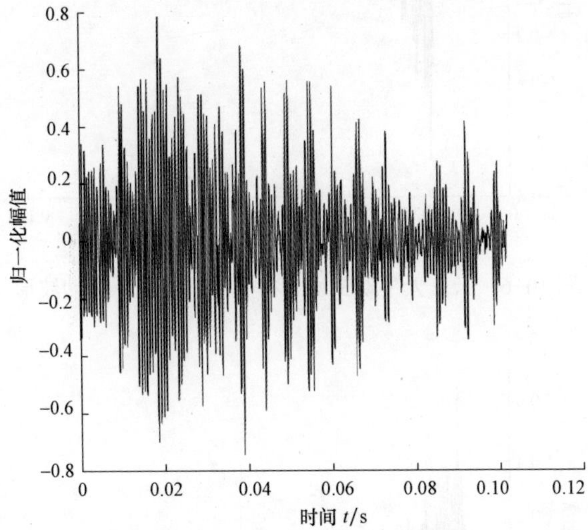

图 10-5　未定性树干振动波形

天牛幼虫在蛀道内除了蛀食行为外，还存在清理蛀道、自卫、爬行等其他的行为，这些行为都会引起树干的振动。分析蛀食振动信号需要排除天牛幼虫蛀食以外行为引起的振动干扰。相关研究表明[55]，不同种类天牛幼虫在蛀道内不同行为引起树干振动的相对幅值和波形存在差异。

此外，天牛幼虫不同行为引起的树干振动波形也存在一定的差异。蛀食振动引起的冲击最大，上升沿呈一个非常陡的脉冲，然后迅速衰减，持续时间短，最大相对振幅可达 0.8，明显大于其他三类行为引起的振动。天牛幼虫在蛀道内爬行引起的振动持续时间较长且不规律，振幅有波动，相对振幅一般不超过 0.2，在四类行为中最小。天牛幼虫清理蛀道振动存在一个较大的冲击，相对振幅可达0.5～0.6，仅次于蛀食振动。天牛幼虫自卫引起的振动波形间隔时间极短，一般小于 50.0 ms，连续出现，振幅大于爬行引起的振动，相对振幅可达 0.4。图 10-6 为云斑天牛幼虫蛀食树干振动波形，图 10-7 为云斑天牛幼虫清理蛀道树干振动波形，图 10-8 为云斑天牛幼虫自卫引发的树干振动波形。由于爬行引发的振动最大相对振幅为 0.2，未采集到振动波形。

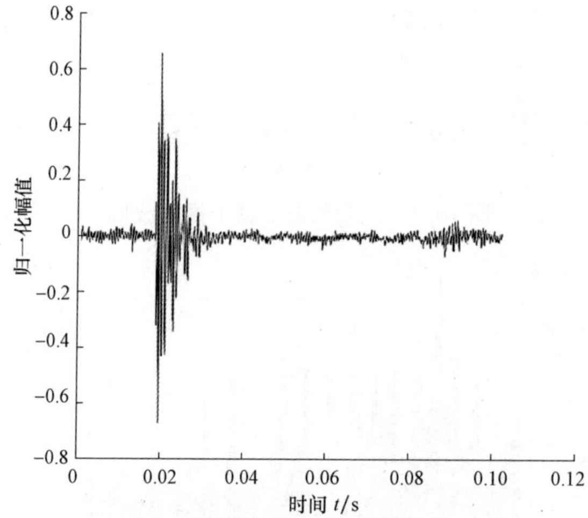

图 10-6　云斑天牛幼虫蛀食树干（白蜡树）振动波形

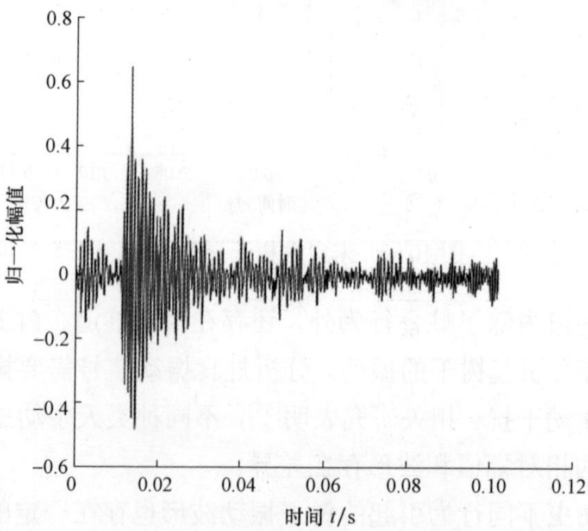

图 10-7　云斑天牛幼虫清理蛀道树干（白蜡树）振动波形

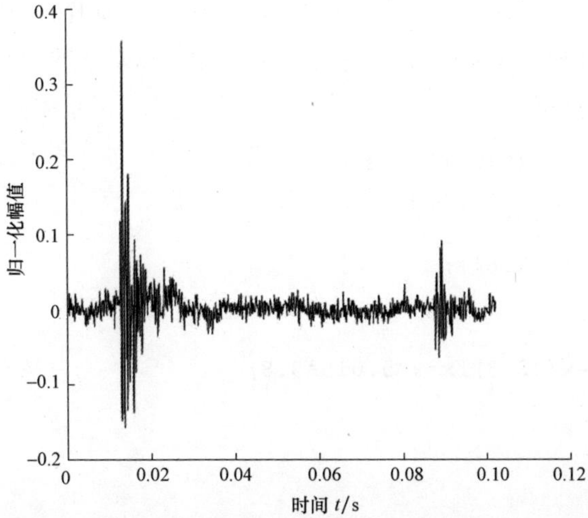

图 10–8　云斑天牛幼虫自卫引发的树干（白蜡树）振动波形

10.1.3　实验任务

（1）蛀木振动信号小波包分解。

（2）提取不同种类天牛幼虫蛀木振动信号的时域、频域、时频域特征。

将从采集信号中截取得到的天牛幼虫蛀木振动信号储存在文件 cy82.dat 中，选用滤波性能最好的 dmey 小波，设定分解层数为 3，对蛀木振动信号做小波包分解。分解后各小波包节点与频带对应关系见表 10–2。

表 10–2　云斑天牛幼虫蛀食树干（白蜡树）振动信号小波包分解各节点对应频带

节点	频率范围	节点	频率范围
(3,0)	0～625	(3,4)	4 375～5 000
(3,1)	625～1 250	(3,5)	3 750～4 375
(3,2)	1 875～2 500	(3,6)	2 500～3 125
(3,3)	1 250～1 875	(3,7)	3 125～3 750

MATLAB 参考代码如下：

代码	注释
`clear; close all;`	
`fs=10000;N=512;`	
`t=0:N-1;t=t/fs; f=(0:N-1)*(fs/N);`	
`f_id=fopen('cy82.dat','r');`	
`x=fread(f_id,N,'int16');`	
`fclose(f_id);`	
`x=x/65536*10;x=x/(2^3);x=x/5.015*9.8;`	
`x=x-mean(x);`	
`plot(t,x);`	
`figure;`	
`wpcs=zeros(8,N);`	3 级小波包分解共 8 个节点
`wpt=wpdec(x,3,'dmey');`	3 级小波包分解，使用 dmey 小波函数
`for i=1:8`	
`  wpcs(i,:)=wprcoef(wpt,[3,i-1]); u=wpcs(i,:);`	获取各节点小波包系数
`  subplot(8,2,2*i-1); plot(t,u);`	左边栏画出小波包系数的波形
`  ylabel(['(',num2str(3),',',num2str(i-1)')']);`	纵坐标表明对应的小波包节点
`  y=fft(u); y=abs(y)/N;`	求各节点小波包系数的频谱
`  subplot(8,2,2*i);plot(f(1:N/2),y(1:N/2));`	右边栏画出小波包系数的频谱
` end`	
`subplot(8,2,15); xlabel('时间 t/s');`	
`subplot(8,2,16); xlabel('频率 f/Hz');`	

图 10–9 为云斑天牛幼虫蛀食树干（白蜡树）振动信号小波包分解，左侧为各节点的小波包系数，右侧为相对应的频谱。从图中可以看出，前面 4 个节点信号的幅值比后面 4 个节点信号的幅值大很多，信号能量主要集中在前 4 个节点。每个节点的功率谱上都有明显的峰值。经过小波包分解后求各频带的功率谱，很容易获取信号的主要频率成分。

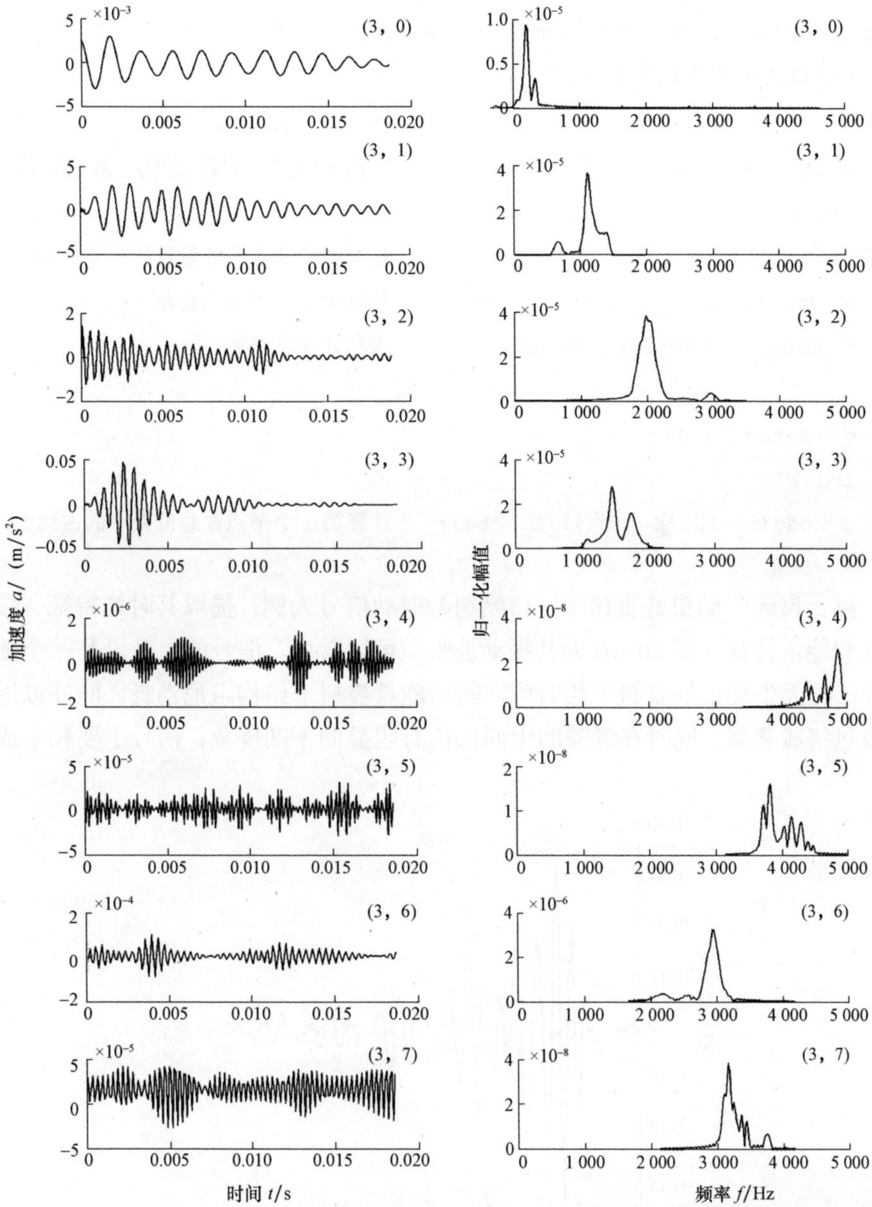

图 10-9　云斑天牛幼虫蛀食树干振动信号小波包分解

提取天牛幼虫蛀木振动信号的时域、频域和能量特征，三种特征结合，可以有效识别天牛种类。时域特征指振动信号的波形特点，可以通过直接观察信号的波形特点获取；频域特征指振动信号的主要频率成分；对信号做 3 层小波包分解后，蛀木振动信号的能量主要集中在前 4 个节点，因此可以用信号在前 4 个小波包节点内的能量占总能量的比重作为能量特征。

MATLAB 参考代码如下：

代码	注释
`E_cfs=zeros(K1,1);`	生成 K1 行零向量，K1 为小波包节点个数
`E_total=0;`	
`for i=1:K1`	计算各个节点的能量及所有节点总能量
`    E_cfs(i)=norm(wpcs(i,:),2)^2;`	计算第 i 个节点的能量
`    E_total=E_total+E_cfs(i);`	求和计算总能量
`end`	
`p_node=zeros(K1,1);`	
`for i=1:K1`	
`    p_node(i)=100*E_cfs(i)/E_total;`	计算第 i 个节点在总能量中的占比
`end`	

以云斑天牛幼虫蛀食树干（白蜡树）振动信号为例，提取其时域特征、频域特征和能量特征。图 10-10 为其振动波形，可以看出，信号的上升沿是一个陡的脉冲，与天牛幼虫蛀食树干相对应。随后能量被树干结构阻尼消耗，脉冲以近似指数包络线衰减，同时在衰减的中间部位有明显的下凹现象；信号主要频率成分

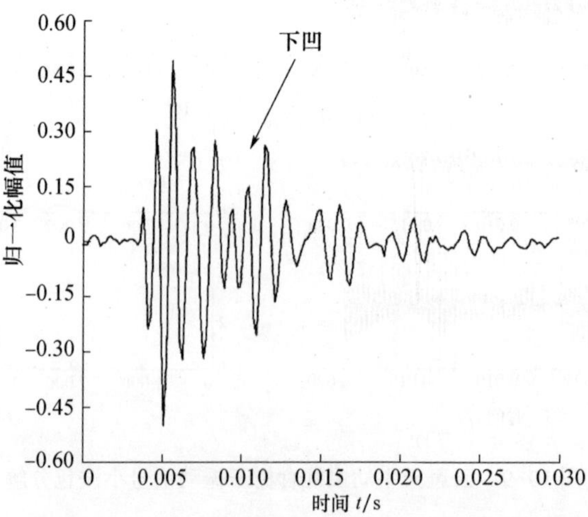

图 10-10　云斑天牛幼虫蛀食树干（白蜡树）振动波形

包括 552 Hz、1 070 Hz、1 457 Hz、1 754 Hz、1 927 Hz，没有 2 000 Hz 以上的频率成分。经统计，前 4 个小波包节点的能量占比范围依次为：近似为 0，14%～35%，4%～7%，61%～82%。

10.1.4　拓展提高——天牛幼虫蛀木振动信号时频特征对比分析

天牛幼虫在蛀道内活动引起的树干振动信号由一系列频率、幅值差别较大的冲击响应信号组成，成分复杂。在天牛幼虫活动行为中，蛀食树干所占比例最大，引起的振动相对幅值也最大，因此，可以通过分析天牛幼虫蛀食树干振动信号识别天牛种类。

实验采集光肩星天牛、云斑天牛、桃红颈天牛幼虫蛀食法国梧桐、白蜡树、紫叶李、西府海棠的振动信号。按照以上实验方法，提取不同种类天牛幼虫蛀食不同树木的振动信号的时域、频域和能量特征，并对结果进行分析与对比。

参考结果如下：图 10-11～图 10-13 为三种天牛幼虫蛀食树干振动波形，表 10-3 为信号时域特征的对比，表 10-4 为信号频域特征的对比，表 10-5 为信号小波包分解各节点能量占比。

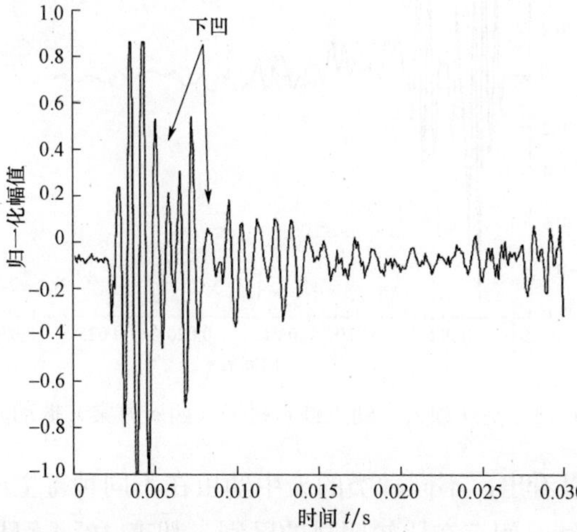

图 10-11　光肩星天牛幼虫蛀食树干（法国梧桐）振动波形

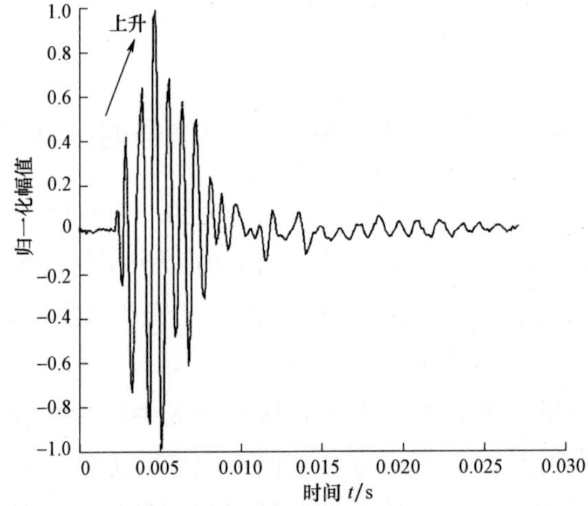

图 10-12　桃红颈天牛幼虫蛀食树干（紫叶李）振动波形

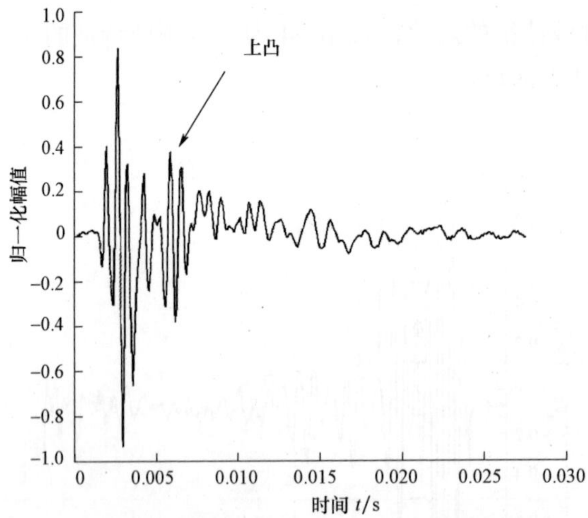

图 10-13　桃红颈天牛幼虫蛀食树干（西府海棠）振动波形

从表 10-3 可以看出，不同种类的天牛幼虫在不同种寄主内蛀食树干振动信号的波形和振动持续时间存在比较明显的区别。从表 10-4 可以看出，不同种类的天牛幼虫在不同种寄主内蛀食树干振动信号的频域特征不同。从表 10-5 可以看出，不同种类的天牛幼虫在不同寄主内蛀食树干振动信号小波包分解各节点能量分布差异很大，以此为特征参数，可判断天牛的种类。

表 10–3　三种天牛幼虫蛀食树干振动信号时域特征的对比

天牛（寄主）	振动持续时间/s	波形共同点	波形不同点
云斑天牛（为害白蜡树）	15.3±1.2	上升沿是一个很大的冲击，随后信号以近似指数包络线衰减	在衰减的中间部位有明显的下凹现象
光肩星天牛（为害法国梧桐）	9.1±1.9		在衰减的中间部位及振动快要结束的尾部有明显的下凹现象
桃红颈天牛（为害紫叶李）	6.4±0.7		在达到波峰前，存在一个肉眼可见的快速上升的过程，无下凹现象
桃红颈天牛（为害西府海棠）	19.8±2.0		在振动将要结束的尾部有明显上凸现象，无下凹现象

表 10–4　三种天牛幼虫蛀食树干振动信号频域特征的对比

天牛种类	主要频率成分/Hz	特征
云斑天牛（为害白蜡树）	552，1 070，1 457，1 754，1 927	存在 550 Hz 左右的频率分量，无 2 000 Hz 以上频率成分
光肩星天牛（为害法国梧桐）	1 108，1 328，1 641，1 976，2 578	与云斑天牛相近，但无 550 Hz 特征频率，存在 2 500 Hz 特征频率
桃红颈天牛（为害紫叶李）	1 113，2 122，2 628，其他	存在两个 2 000 Hz 以上的特征频率
桃红颈天牛（为害西府海棠）	100，1 000～2 000（多个频率成分）	存在 100 Hz 左右的特征频率

表 10–5　三种天牛幼虫蛀食树干振动信号小波包分解各节点能量占比

天牛种类	节点能量占比				
	（3，0）	（3，1）	（3，2）	（3，3）	（3，4），（3，5）（3，6），（3，7）
云斑天牛（为害白蜡树）	近似为零	14%～35%	4%～7%	61%～82%	近似为零
光肩星天牛（为害法国梧桐）	近似为零	36%～53%	＜1%	47%～63%	近似为零
桃红颈天牛（为害紫叶李）	近似为零	近似为零	14%～22%	74%～84%	近似为零
桃红颈天牛（为害西府海棠）	19%～37%	27%～45%	＜4%	18%～50%	近似为零

与傅里叶变换相比，小波（包）变换不仅能提供更好的频率分辨率，而且能同时分析信号的时间和频率信息，被称为广义傅里叶变换[43]。

10.2 储粮害虫声信号分析

我国是粮食生产、储藏和消费大国，在粮食储藏过程中，储粮害虫可能会造成巨大的损失[47–48]。及时发现并准确识别害虫种类和密度是进行生物防治，建设智能粮仓、绿色粮仓，保障国家粮食安全的重要基础[49–50]。有关研究表明，声测法通过检测分析储粮害虫在粮堆生态系统中的活动声信号来识别害虫种类，因具有简便快捷、可以对粮仓内部害虫进行检测等优点，一直是害虫检测的研究热点[51–52]。

10.2.1 实验目的

（1）掌握储粮害虫活动声信号的采集方法。

（2）理解声信号降噪的意义，会用 MATLAB 实现小波阈值降噪。

（3）会用 MATLAB 分析储粮害虫蛀食声信号，并提取其时域与频域特征。

（4）了解小波分析方法，提取信号时频域特征。

10.2.2 实验原理

1. 数据采集

声级计采用 HS5660A 型精密脉冲声级计，该型号声级计具备优良的脉冲特性，能够对瞬时的冲击声进行精确的捕捉，且在灵敏度、频率宽度等参数上都能满足对微弱储粮害虫活动声信号的捕捉要求。

实验前，先自制一个简易消声室，以降低环境噪声干扰。自制消声箱以 5 mm 厚胶合板作为壁材，12 mm 厚的多层泡沫板作为填充材料，总体尺寸为 50 cm×45 cm×30 cm。

搭建采集系统如图 10–14 所示。将传声器插入烧杯粮食中，盖上消声箱盖，并使用延长电缆将其连接到声级计。将声级计的另一端与数据采集器相连，最后再将数据采集器的数据输出线与计算机相连，在计算机上观测声级计采集的信号。

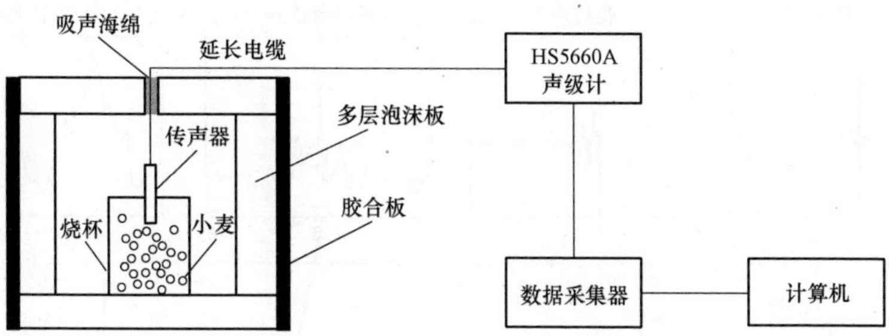

图 10-14　储粮害虫活动声信号采集系统

实验室背景噪声的声压级在 40 dB 左右，而储粮害虫活动声的声压级在 15～35 dB。经测定，消声箱能够有效隔绝环境噪声。储粮害虫活动声信号采集方法如下：

（1）将 1 kg 过筛好的小麦放入烧杯中，并放入害虫样品，再将烧杯放入消声箱内。将传声器插入烧杯粮食中，盖上消声箱盖。

（2）声级计的档位应置于 30～40 dB 档，该档位可使被测信号的幅值基本落在整个量程的 1/3～2/3 之内，以确保即使是微小的信号也能被观测到。

（3）采集系统连接就绪后，静置 10 min，保证烧杯和小麦粮粒稳定。设定采样频率为 50 kHz，每一段的采样时长 82 s，以确保在采样时间内储粮害虫进行了充分活动。采集若干段信号，保存以做进一步分析。

2. 实验材料

储粮害虫采集自河南新乡新华国家粮食储备库，在粮仓中采集豫北地区具有代表性的 3 种储粮害虫：玉米象（sitophilus zeamais）成虫、花斑皮蠹（trogoderma variabile）幼虫、锈赤扁谷盗（cryptolestes ferrugineus）成虫，在河南科技学院害虫天敌繁育中心人工繁殖 3 代以上。

3. 数据筛选

根据信号的幅值、频率和持续时间，可以将观测到的声信号分成四类：蛀食声、爬行声、谷物滑落声和外界干扰声，如图 10-15 所示。从图中可以看出，谷物滑落声、外界干扰声的波形与害虫活动声（蛀食声、爬行声）差异明显，可以根据波形区分。害虫活动引起冲击振荡，开始是一个幅值很大的冲击，随后能量在粮粒之间逐渐消耗，呈现出衰减振荡特征。有关研究表明[56]，蛀食声频率比爬行声频率更高，据此可以区分这两种信号。

图 10-16 为花斑皮蠹幼虫在小麦中的爬行声信号，图 10-17 为花斑皮蠹幼虫在小麦中的蛀食声信号。可以看出，蛀食声信号的频率比爬行声高很多，且持续时间更短。

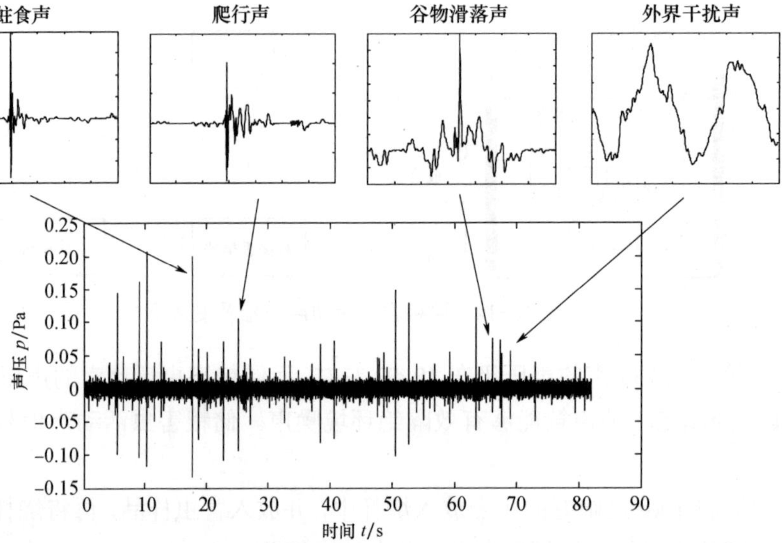

图 10-15　储粮害虫活动声信号分类

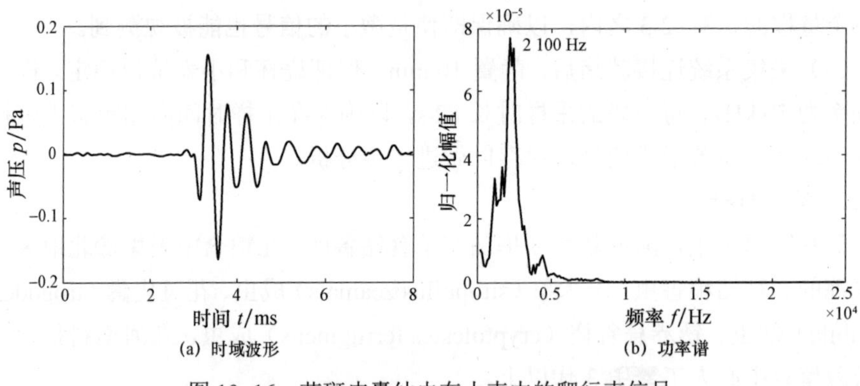

图 10-16　花斑皮蠹幼虫在小麦中的爬行声信号

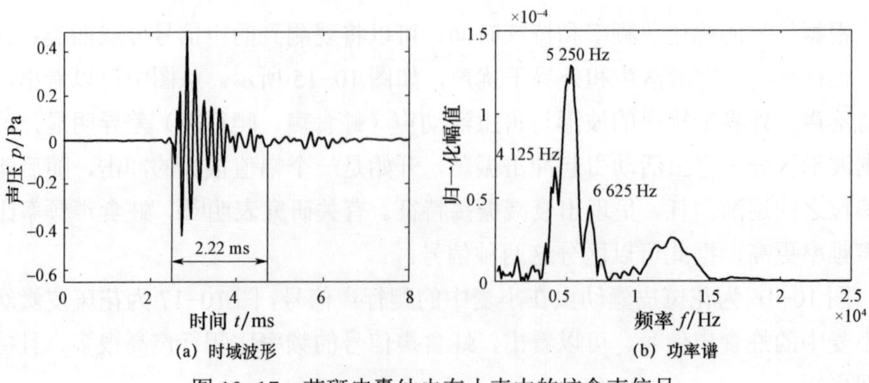

图 10-17　花斑皮蠹幼虫在小麦中的蛀食声信号

10.2.3 实验任务

1. 储粮害虫活动声信号降噪

本实验提供了玉米象、花斑皮蠹和锈赤扁谷盗三种害虫在小麦中的活动声信号样本，采样频率为 50 000 Hz，持续时间为 82 s。采集得到的活动声信号储存在文件 shy121.dat 中，对其进行小波软阈值降噪。参考代码如下：

代码	注释
`f_id=fopen('shy121.dat','r');`	
`x=fread(f_id,8200000,'int16');`	
`fclose(f_id);`	
`x=x/65536*10;`	转换为电压,用小数表示
`x=x/(2^1);`	恢复原始电压数值,测控增益放大 2 倍
`x=x/(25*10^-3);x=x';`	除以灵敏度,转换为声压信号
`[c,l]=wavedec(x,3,'sym11');`	选择 sym11 小波基函数,3 层小波分解
`ca3=appcoef(c,l,'sym11',3);`	获取概貌系数
`cd1=detcoef(c,l,1);`	获取第 1 层细节系数
`cd2=detcoef(c,l,2);`	获取第 2 层细节系数
`cd3=detcoef(c,l,3);`	获取第 3 层细节系数
`thr0=thselect(ca3,'sqtwolog');`	估计概貌系数的阈值
`[thr,nkeep]=wdcbm(c,l,3);`	估计 3 层细节系数的阈值
`ca3soft=wthresh(ca3,'s',thr0);`	对概貌系数做软阈值处理
`cd1soft=wthresh(cd1,'s',thr(1));`	对第 1 层细节系数做软阈值处理
`cd2soft=wthresh(cd2,'s',thr(2));`	对第 2 层细节系数做软阈值处理
`cd3soft=wthresh(cd3,'s',thr(3));`	对第 3 层细节系数做软阈值处理
`c2=[ca3soft,cd3soft,cd2soft,cd1soft];`	组合各层系数
`x1=waverec(c2,l,'sym11');`	小波重构
`figure;`	
`subplot(212);plot(t,x1);`	绘制降噪后信号
`xlabel('时间 t/s');ylabel('声压 p/Pa');`	

图 10-18 为降噪前玉米象在小麦中的原始活动声信号，图 10-19 为降噪后玉米象在小麦中的活动声信号。可以看出，与原始信号相比，降噪后背景噪声被有效滤除，被噪声掩盖的蛀食声脉冲突出出来。小波阈值消噪能有效抑制信号中混

入的白噪声，而保留原始信号的特征尖峰点，适用于储粮害虫活动声分析。

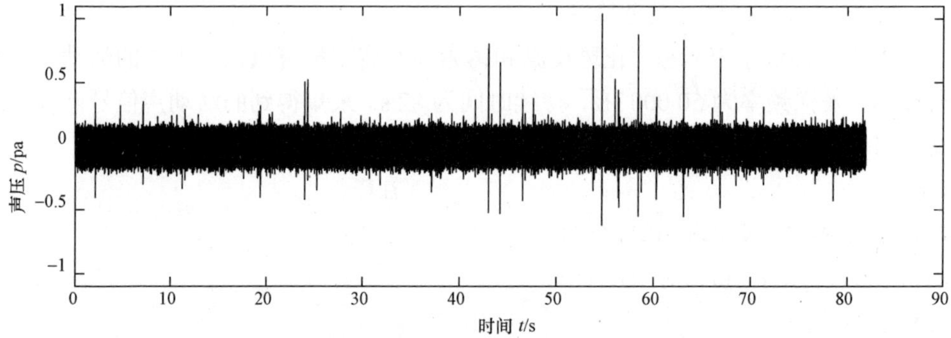

图 10-18　降噪前玉米象在小麦中的原始活动声信号

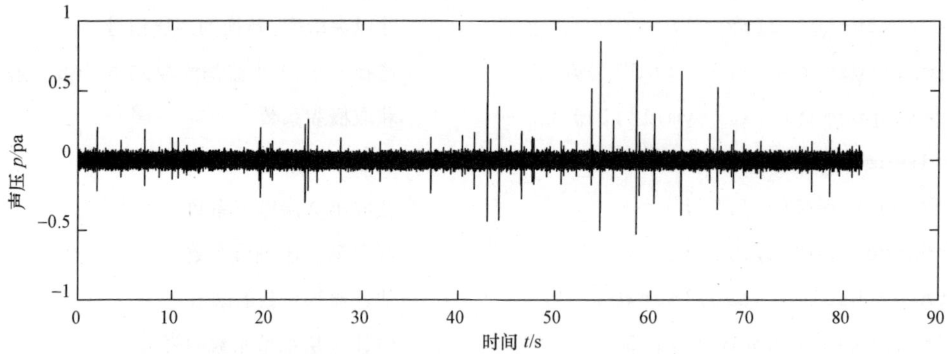

图 10-19　降噪后玉米象在小麦中的活动声信号

2. 蛀食声信号特征提取

从害虫活动声信号中筛选出蛀食声信号，提取蛀食声信号的时域、频域和时频能量特征，三种特征结合，可以有效识别害虫种类。

图 10-20(a) 为玉米象在小麦中蛀食声信号的时域波形，冲击振荡持续时间为 1.80 ms。找出功率谱图 10-20(b) 中 3 个最大的峰值，对应的频率分别为 2 750 Hz、4 500 Hz、7 750 Hz。

对该信号做 4 层小波分解，结果如图 10-21 所示，左边为各节点小波系数，右边为对应的功率谱。同时计算各节点小波系数对应的能量在总能量中占的比例。玉米象、花斑皮蠹和锈赤扁谷盗三种储粮害虫蛀食声特征统计见表 10-6 和表 10-7。

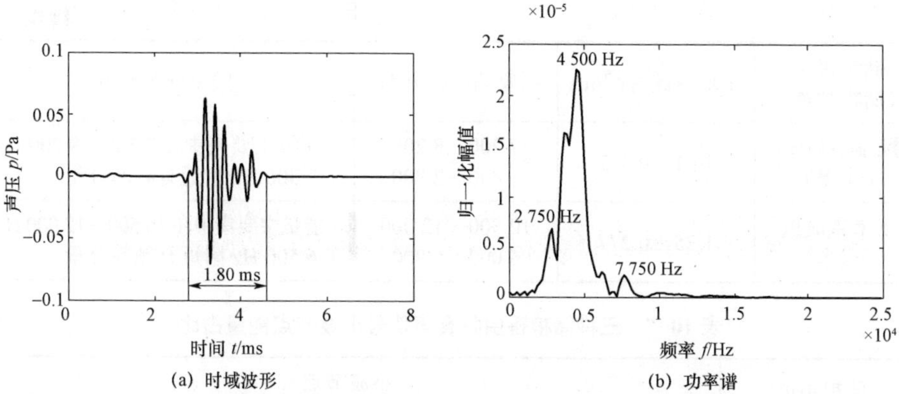

图 10-20　玉米象在小麦中的蛀食声信号

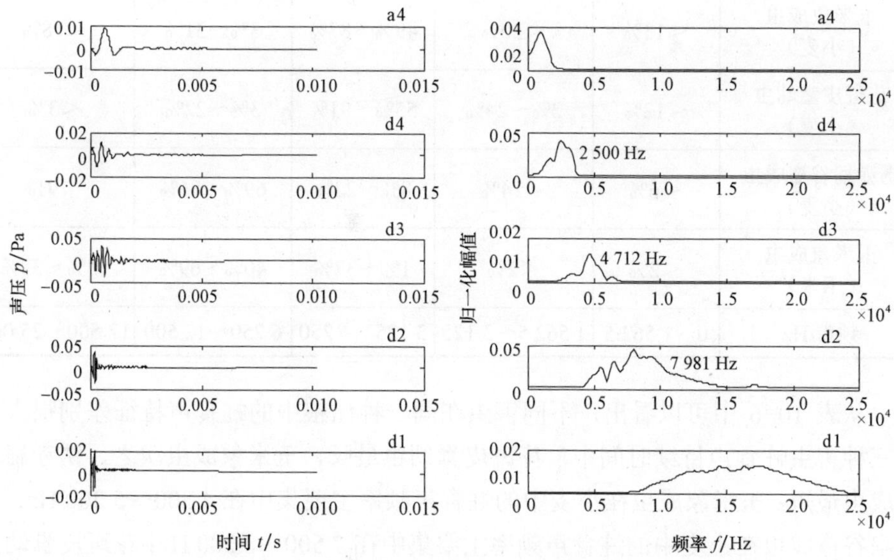

图 10-21　玉米象在小麦中蛀食声信号小波分解

表 10-6　三种储粮害虫蛀食声信号持续时间和主要频率成分

储粮害虫（储粮种类）	平均持续时间/ms	主要频率成分/Hz	频率分布特点
玉米象成虫（小麦）	1.74±0.264	4 500～5 200 7 500～8 200 2 000～2 800	能量主要集中在 4 500～5 200 Hz，在 7 800 Hz 和 2 500 Hz 处附近有频率分量
花斑皮蠹幼虫（小麦）	2.26±0.174	4 200～5 000 5 600～6 200	能量主要集中在 4 200～5 000 Hz，在 5 800 Hz 附近有频率分量

续表

储粮害虫（储粮种类）	平均持续时间/ms	主要频率成分/Hz	频率分布特点
锈赤扁谷盗成虫（小麦）	1.41±0.312	7 200～8 200 1 800～2 800	能量主要集中在 7 500～8 200 Hz，在 2 300 Hz 附近有频率分量
玉米象成虫（玉米）	1.25±0.277	10 500～12 000 6 000～6 800	能量主要集中在 10 500～12 000 Hz，在 6 500 Hz 附近有频率分量

表 10–7　三种储粮害虫蛀食声信号小波节点能量占比

储粮害虫（储粮种类）	小波节点				
	a4	d4	d3	d2	d1
玉米象成虫（小麦）	＜13%	＜20%	49%～87%	3%～31%	＜18%
花斑皮蠹幼虫（小麦）	＜12%	2%～24%	55%～91%	3%～22%	＜3%
锈赤扁谷盗成虫（小麦）	＜6%	＜14%	8%～22%	69%～86%	＜9%
玉米象成虫（玉米）	＜2%	＜2%	1%～37%	40%～69%	15%～32%
频带/Hz	0～1 562.5	1 562.5～3 125	3 125～6 250	6 250～12 500	12 500～25 000

从表 10–6 中可以看出，不同害虫在同一种储粮中的蛀食声特征差别很大。在三种害虫蛀食声持续时间中，花斑皮蠹幼虫最长，玉米象成虫次之，锈赤扁谷盗成虫最短；玉米象成虫在小麦中的蛀食声频率主要集中在 4 500～5 200 Hz；锈赤扁谷盗成虫在小麦中的蛀食声频率主要集中在 7 500～8 200 Hz；花斑皮蠹幼虫在小麦中的蛀食声频率主要集中在 4 200～5 000 Hz。同种害虫在不同储粮中的蛀食声特征差异也比较大，玉米象成虫在玉米中蛀食声的平均持续时间为（1.25±0.277）ms，其蛀食声频率主要集中在 10 500～12 000 Hz，在 6 500 Hz 附近有频率分量，与玉米象成虫在小麦中蛀食声的频率特征差异明显。

从表 10–7 中可以看出，三种储粮害虫蛀食声信号小波分解各节点小波系数能量占比差别很大。因此，根据时域、频域和时频域能量能有效识别害虫种类。

需要指出的是，蛀食声不仅与害虫有关，也与粮食种类、颗粒大小、水分等诸多因素有关；蛀食声在同种昆虫、不同虫态之间的差异还需进一步实验确定。

参 考 文 献

［1］丁康，谢明，杨志坚．离散频谱分析校正理论与技术［M］．北京：科学出版社，2008．

［2］COOLEY J W，TUKEY J W．An Algorithm for the Machine Computation of Complex Fourier Series［J］．Mathematics of Computation，1965，19（90）：297-301．

［3］OPPENHEIM A V，SCHAFER R．Discrete Time Signal Processing［M］．2 版．北京：电子工业出版社，2011．

［4］PROAKIS J G，MANOLAKIS D G．Introduction to Digital Signal Processing［M］．New York：Macmillan Publishing Company，1988．

［5］胡广书．数字信号处理理论、算法与实现［M］．3 版．北京：清华大学出版社，2012．

［6］朱衡君，齐红元，邱成，等．MATLAB 语言及实践教程［M］．3 版．北京：清华大学出版社，2020．

［7］张志涌．精通 MATLAB R2011a［M］．北京：北京航空航天大学出版社，2011．

［8］SWAMI A．HOSA-Higher Order Spectral Analysis Toolbox［EB/OL］．https://www.mathworks.com/matlabcentral/fileexchange/3013-hosa-higher-order-spectral-analysis-toolbox.

［9］AUGER F，LEMOINE O，GONCALVES P，et al．Time-Frequency Toolbox［EB/OL］．http://tftb.nongnu.org.

［10］SEMMELRODT S，KATTENBACH R，FRUCHTLING H．Toolbox for Spectral Analysis and Linear Prediction of Stationary and Non-Stationary Signals［R］．Cost 273 TD（04）019，Athens，Greece，2004．

［11］王素立，高洁，孙新德．MATLAB 混合编程与工程应用［M］．北京：清华大学出版社，2008．

［12］郑君里，应启珩，杨为理．信号与系统引论［M］．北京：高等教育出版社，

2009.
[13] 贾贵玺，姚海彬．电工技术：电工学 I［M］．4 版．北京：高等教育出版社，2013．
[14] 北京霍远科技有限公司［EB/OL］．http：//www.hop-ctpt.com/.
[15] 时献江，司俊山，郭华．电机及其传动系统的无传感器故障检测与诊断方法［M］．北京：科学出版社，2008．
[16] 陈克安，曾向阳，李海英．声学测量［M］．北京：科学出版社，2005．
[17] 国营四三八〇厂嘉兴分厂．HS5660A 型精密脉冲声级计说明书［Z］，2006．
[18] 郑君里．教与写的记忆：信号与系统评注［M］．北京：高等教育出版社，2005．
[19] 谷源涛，应启珩，郑君里．信号与系统：MATLAB 综合实验［M］．北京：高等教育出版社，2008．
[20] 戴念祖．中国音乐声乐史［M］．北京：中国科学技术出版社，2018．
[21] 赵力．语音信号处理［M］．3 版．北京：机械工业出版社，2017．
[22] 吴震东，潘树诚，章坚武．基于 CNN 的连续语音说话人声纹识别［J］．电信科学，2017，33（3）：59-66．
[23] 赵力，钱向民，邹采荣，等．语音信号中的情感识别研究［J］．软件学报，2001，12（7）：1050-1055．
[24] 胡广书，汪梦蝶．生物医学信号处理研究综述［J］．数据采集与处理，2015，30（5）：915-932.
[25] 智美康科技（深圳）有限公司．PVDF 压电薄膜振动传感器 CM-01B 接触式拾音器［EB/OL］．http://www.zhimk.com.cn/product/sensor/PVDFydbmcgq/20170412/19.html.
[26] 陈剑，郭兴明，肖守中．心音信号识别的意义及其方法的研究［J］．国外医学：生物医学工程分册，2004，27（2）：87-89．
[27] 周静，杨永明，何为．心音信号的分析及其特征提取方法的研究［J］．中国生物医学工程学报，2005，24（6）：685-689．
[28] 吴延军，徐泾平，赵艳．心音的产生与传导机制［J］．生物医学工程学杂志，1996，13（3）：280-288．
[29] 成谢锋，马勇，孙科学．心音模式识别技术［M］．北京：科学出版社，2020．
[30] 徐泾平．肺音的发生机理研究进展［J］．生物医学工程学杂志，1996，13（2）：172-176．
[31] 徐泾平，陈启敏，闵一健，等．肺音信号检测处理及其临床应用研究［J］．国

外医学：生物医学工程分册，1992，15（4）：222-227.

［32］孙文慧，陈扶明，张乙鹏，等．心肺音分离方法研究进展［J］．中国医疗设备，2024，39（3）：154-159.

［33］王文渊，闫平凡．肺音研究综述［J］．北京生物医学工程，1992，11（2）：106-112.

［34］王磊，孟濬．基于 wavelet 的一类脉搏信号疾病特征量化分析［J］．浙江大学学报：工学版，2012，46（10）：1866-1871.

［35］王炳和，相敬林，杨颐，等．基于信号检测的人体脉搏系统传递函数的估计［J］．科学通报，1999，44（10）：1069-1073.

［36］张永瑞．电子测量技术基础［M］．4 版．西安：西安电子科技大学出版社，2021.

［37］胡广书．正弦信号抽样中若干基本问题的讨论［J］．清华大学学报：自然科学版，1997，37（1）：94-99.

［38］王娟，黄玉琴，徐杰，等．扩频通信技术及应用［M］．北京：清华大学出版社，2016.

［39］吴茂．MATLAB R2016a 通信系统建模与仿真 28 个案例分析［M］．北京：清华大学出版社，2018.

［40］李方泽，刘馥清，王正．工程振动测试与分析［M］．北京：高等教育出版社，1992.

［41］屈维德．机械振动手册［M］．北京：机械工业出版社，1992.

［42］陈后金，李艳凤．数字信号处理［M］．4 版．北京：高等教育出版社，2024.

［43］胡广书．现代信号处理教程［M］．2 版．北京：清华大学出版社，2015.

［44］胡昌华，李国华，刘涛，等．基于 MATLAB 6.x 的系统分析与设计：小波分析［M］．2 版．西安：西安电子科技大学出版社，2004.

［45］飞斯科技产品研发中心．小波分析理论与 MATLAB 7 实现［M］．北京：电子工业出版社，2005.

［46］郭敏，尚志远．利用声测报技术检测农产品害虫的新方法［J］．陕西师范大学学报：自然科学版，2001，29（1）：107-112.

［47］胡红军．储粮害虫防治现状及问题讨论［J］．现代食品，2017，7（14）：4-5.

［48］胡丽华，郭敏，张景虎，等．储粮害虫检测新技术及应用现状［J］．农业工程学报，2007，23（11）：286-290.

［49］卢军，陈建军，吴鹏飞，等．利用霍特林变换对仓储害虫图像倾斜矫正［J］．农

业工程学报，2012，28（8）：269-274.

［50］张洪涛，毛罕平，邱道尹．储粮害虫图像识别中的特征提取［J］．农业工程学报，2009，25（2）：126-130.

［51］郭敏，张丽娜．基于声信号的储粮害虫检测方法的研究与发展［J］．中国粮油学报，2011，26（12）：123-127.

［52］耿森林，尚志远．储粮害虫声检测技术研究进展与展望［J］．农业工程学报，2006，22（4）：204-207.

［53］卜宇飞，祁骁杰，温俊宝，等．7 种林木蛀干害虫的声音特征分析［J］．南京林业大学学报：自然科学版，2016，40（2）：179-184.

［54］刘圣煌，杨江天，崔建新.3 种天牛幼虫蛀食振动小波包特征及其识别[J].林业科学，2020，56（12）：91-100.

［55］卜宇飞，祁骁杰，温俊宝，等．2 种天牛幼虫的 4 类声行为特征［J］．浙江农林大学学报，2017，34（1）：50-55.

［56］COGGIN K M，PRINCIPE J．Detection and Classification of Insect Sounds in a Grain Silo Using a Neural Network［C］//1998 IEEE International Conference on Neural Networks，1998：1760-1765.